선천적 수포자를 위한
수학Ⅱ 고등 편

TODAI NO SENSEI! BUNKEI NO WATASHI NI CHO WAKARIYASUKU KOUKOU NO SUGAKU
WO OSHIETE KUDASAI!

Copyright © 2020 Katsuhiro Nishinari

Original Japanese edition published by Kanki Publishing Inc

Korean translation rights arranged with Kanki Publishing Inc

through The English Agency (Japan) Ltd. and Danny Hong Agency

이 책의 한국어판 저작권은 대니홍 에이전시를 통해 저작권자와 독점 계약한 루비페이퍼에 있습니다.
저작권법에 의하여 한국 내에서 보호를 받는 저작물이므로 무단 전재와 무단 복제를 금합니다.

니시나리 가쓰히로 지음
김소영 옮김

머리말

수학 대체 언제 써먹나요?

다음 문장을 보고 어떤 생각이 드나요?

- 엑셀로 매출 데이터의 표준편차 계산하기
- 주가 동향을 다항식으로 피팅해 미분으로 미래 예측하기
- 삼각형을 벡터 식으로 나타내고 변의 길이를 함수 계산기로 알아보기

혹시 이런 생각을 하진 않았나요?

'뭔 소리지…'
'이걸 왜 해야 해…?'

그렇습니다. 그렇다면 당신은 문과형 인간입니다. 사실 제 생각이기도 하죠. 전형적 문과형 인간인 저로서는 대체 이걸 왜 해야 하는지 어떻게 해야 하는지조차 전혀 알 길도, 알고 싶지도 않았죠.《선천적 수포자를 위한 수학》 1(중학 편)을 통해 겨우 중학 수학을 떼놓고도 여전히 써먹을 곳을 찾지 못해 방황하던 중 편집자에게 연락이 왔습니다(그렇습니다. 절 수학의 구렁텅이로 밀어 넣은 그 편집자입니다!).

《선천적 수포자를 위한 수학》1편 잘 봤어요!
정말 이해도 잘 되고 감동적이었어요. 어때요, 해보니까 쉽죠?

"아… 쉽지는…"

"그럼 이번엔 수준을 높여 고등 수학 어때요?"

"…네?"

"전국의 독자 여러분이 정말 많은 피드백을 주셨어요. '중학 수학이 이렇게 쉬웠다니… 고등 수학도 쉽게 알려 주세요!'라면서요. 정말 감동적이에요. 이건 안 할 수가 없죠. 하실 거죠? **당연히 하시겠죠?!**"

"아, 네… 할게요…"

멱살 잡혀 끌려가듯이 고등 수학까지 발을 담그게 됐지만 놀라지들 마시라.

이리 보고 저리 봐도 수포자였던 제가 딱 6일 동안의 수업으로 고등 수학을 이해하게 되었습니다! (감격)

이번에도 수학계의 일타강사(자칭)라는 첨단과학기술 연구소 교수인 대(머리)박사 님께 부탁드렸습니다. 교통 체증이나 공장의 생산 효율 등 세상에 존재하는 온갖 '막힌 것'을 수학으로 뻥 뚫는 방법을 찾는 '정체학'의 창시자이자 수리 과학자인 그분께 말입니다.

덕분에 단순히 수학에 대한 거부감이 없어진 정도가 아니라 수학을 강제로 공부해야 하는 과목에서 실용적 도구로 다시 생각하게 되었죠. 저 스스로도 전과 달라진 지금 모습에 새삼 놀랍습니다. 인생의 반환 지점으로 접어드는 이 나이에 수학이라는 강력한 도구를 얻었다는 사실이 순수하게 기쁩니다.

이 책은 《선천적 수포자를 위한 수학》의 속편입니다. 이전 책에서 중학 수학 과정을 통해 수학의 쓸모를 이해했다면 이제 고등 문과 수학 과정의 90%를 단숨에 떼볼 차례죠. 거기다 이과 학생들만 배우는 벡터와 미분·적분을 큰맘 먹고 사은품으로 준비했습니다.

단, 부작용이 있다면 이 책을 읽은 뒤엔 학교 수업 진도가 느리게 느껴져 거만해질 수 있다는 것입니다. 따라서 18세 이상 열람가 등급으로 설정했습니다(물론 읽겠다면 말리진 않겠습니다. 아니 오히려 몰래 권하고 싶…). 그리고 중학 버전을 읽지 않아도 이해할 수 있게 구성하는 데 신경을 썼지만, 전 책에서 '수학을 왜 배우는가'라는 근본적인 이야기를 다뤘기 때문에 진심으로 수학을 다시 배우고 싶은 분들은 《선천적 수포자를 위한 수학》(중학 편)을 먼저 읽는 것을 추천합니다.

그럼 문과 여러분. 여러분도 저와 같이 수학의 쓸모를 찾아 사소한 것에서 수학의 즐거움을 발견하는 행운이 찾아오길 바랍니다.

이제는 수학이 불편하지 않은 문과형 인간, **고 가즈키(김수포)**

목차

04　머리말

 **피할 수 없으면 즐겨라**

16	**1교시 생각보다 만만한 고등 수학**
16	드디어 수학을 써먹는 건가?
19	고등 수학, 중학 수학보다 간단하다!?

23	**2교시 간결하고 획기적인 커리큘럼!**
23	교과서의 80%를 싹둑 자르다!
25	세계 최초! '대박사식' 문과 수학 분류법
29	고등 수학에서 가장 편한 '대수'
30	고등 수학의 최고봉은 '미분·적분'
33	매우 편리한 아이템 '코사인 정리'
34	기하의 진정한 끝판왕은 '벡터'
36	COLUMN　문과생이 수학을 이해하지 못하는 이유

2일째 고등 문과 수학의 '대수'를 손쉽게 마스터하라!

- 38 **1교시 통계학 기초 빠르게 떼기**
- 38 데이터를 다루는 데 필요한 3가지 필수 요소는?
- 39 '숫자 더하기'가 편리한 이유
- 42 '패턴 세기'란?
- 44 '불규칙 알아보기'와 표준편차

- 47 **2교시 수열의 합 구하기**
- 47 천재 소년 가우스의 발견 '뒤집어서 더하기'
- 51 이렇게 편리할 수가 없다! 어떤 등차수열에도 사용 가능
- 53 아직도 공식 외우니? 외우지 말고 이해하자!
- 54 등차수열의 합의 공식 이끌어 내기
- 59 함부로 약속하면 안 되는 이유
- 62 등비수열은 '곱하고 옮겨서 빼기'
- 65 등비수열의 합의 공식 이끌어 내기
- 70 수열을 다룰 때 쓰는 기호 알아 두기!
- 77 COLUMN 수학 기호는 마법의 주문이야!

- 78 **3교시 패턴 세기**
- 78 경마로 순열과 조합 이해하기
- 80 ①단계 - 계승 계산하기
- 85 ②단계 - 순열 계산하기
- 87 ③단계 - 조합 계산하기
- 90 순열과 조합의 식 이해하기
- 94 순열과 조합의 표기는 P와 C
- 95 순열과 조합으로 일정 짜기

98	**4교시 분산 정도 알아보기**
98	데이터 과학의 기본은 '데이터의 규칙성'을 찾아내는 것
99	분산의 폭을 알기 위한 2단계
100	평균, 분산, 표준편차의 깊은 관계
107	평균, 분산, 표준편차를 표기하는 법
110	편찻값의 계산식 외우기
113	부록① 깊고도 깊은 평균의 세계
115	부록② 평균값, 중앙값, 최빈값

속이 다 시원해지는 '해석' 한 방에 끝내기!

122	**1교시 점점 넓어지는 함수의 세계**
122	함수와 방정식의 차이
127	COLUMN 이과생의 러브레터

128	**2교시 이차함수 총정리!**
128	간단 복습! 이차방정식
134	이차함수 그래프 그리기!
143	COLUMN 명탐정 물리학자

144	**3교시 지수함수, 이 편한 걸 아직도 안 써먹으면 손해!**
144	지수함수와 관련된 용어 외우기
146	기본 법칙① 곱셈일 때는 더한다
148	기본 법칙② 거듭제곱을 거듭제곱할 때는 곱한다

150	기본 법칙③ 나눗셈일 때는 뺀다
151	지수가 음수일 때는 어떻게 될까?
153	지수가 0일 때는 어떻게 될까?
155	루트를 거듭제곱으로 변환할 수 있다
159	지수함수를 그래프로 나타내자!
163	로그함수는 부록으로 가볍게!
165	로그함수만 있으면 천문학적 숫자도 뚝딱
170	지수함수와 음악의 깊은 관계
175	지수함수를 아이폰으로 계산하는 방법

고등 문과 수학의 '기하'를 최단기간에 마스터하라!

178	**1교시 더는 헤매지 않겠다! '삼각비'**
178	코사인 정리로 삼각형 마스터하기
180	대박사식 삼각형을 그리는 방법
181	사인, 코사인, 탄젠트는 변의 비
184	탄젠트의 존재는 잊어라!
186	직각삼각형의 정의에 필요한 θ(세타)
190	이런 함정 문제, 꼭 있다!
194	**2교시 손쉽게 코사인 정리 이끌어 내기**
194	삼각비로 할 수 있는 것
195	코사인 정리 이끌어 내기① 밑그림 준비
198	코사인 정리 이끌어 내기② 식을 세우고 풀기

202 코사인 정리 이끌어 내기③ $sin^2θ+cos^2θ=1$ 증명하기
204 코사인 정리 이끌어 내기④ 완성하기
205 코사인 정리와 피타고라스의 정리의 관계

208 **3교시 삼각함수로 깔끔하게 마무리!**
208 삼각함수는 θ와 y의 관계를 그래프로 나타낸 것

5일째 <방과 후 특강①>
기하의 최종 병기 '벡터'를 손에 쥐어라

216 **1교시 위대한 벡터**
216 벡터라면 코사인 정리 증명도 순식간에!

220 **2교시 '아!' 소리가 절로 나는 벡터 이해하기**
220 직감적으로 파악할 수 있는 존재 '스칼라'
222 데이터 시대의 주역 '텐서'
225 왜 벡터가 필요해졌을까?

227 **3교시 간단한 벡터 표기법**
227 화살표가 중요해! 벡터 표기법
228 텐서 표기법
229 벡터를 그림으로 그려 보자

232 **4교시 더 간단한 벡터 계산법**
232 벡터의 덧셈

236	벡터의 뺄셈도 해보자
238	벡터를 분해해 보자
239	벡터의 곱셈까지 도전?

245	**5교시** 벡터만 있으면 코사인 정리는 한 방에 끝!
245	벡터로 코사인 정리 단숨에 이끌어 내기!
251	몇 차원이든 다룰 수 있는 벡터
254	COLUMN 소년이 온다!(전편)

<방과 후 특강②>
미분·적분으로 미래 예측하기

256	**1교시** 인류의 보물! 미분·적분
256	미분·적분과 함수의 관계
258	메인 요리 등장, 삼각형의 넓이
262	뉴턴 VS 라이프니츠의 두 천재의 치열한 두뇌 싸움
263	어떻게 나누는 게 가장 좋을까?
268	삼각형의 넓이를 미분·적분으로 계산하기
277	미분·적분의 기호를 외우자
281	COLUMN 소년이 온다!(하편)

282	**2교시** 엑셀로 미래 예측하기
282	문과형 인간, 엑셀로 미래를 예측하다
284	엑셀 마스터하기
291	수학자, AI, 통계학자의 차이

등장인물 소개

가르치는 사람
첨단과학기술 연구소 교수. 일명 대(머리)박사

42세라는 젊은 나이에 명문대 교수가 된 엘리트이자 남녀노소 할 것 없이 전 국민 모두가 수학을 좋아하길 바라는 마음에 수포자로 자란 문과형 어른들을 구제하는 데 힘쓰고 있다. 취미는 오페라(앨범도 냈다).

배우는 사람
나, 글 쓰는 일을 생업으로 삼은 토종 문과형 인간

중학생 때 수학이라는 돌부리에 걸려 발목을 잡히는 바람에 고등학교 수학 시험에서 0점을 받은 뒤 수학과 담쌓고 살았다. 그러다 대박사 님의 수업을 듣고 중학 수학을 마스터한 뒤 자신감에 가득 차 고등 수학까지 손을 대고 마는데…

담당 편집자

전 세계 수학 알레르기 환자를 완치시켜 버리겠다고 말하지만 실은 본인의 수학 알레르기를 없애려 나를 여기 끌어들인 장본인.

1일째

**피할 수
없으면
즐겨라**

생각보다 만만한 고등 수학

1일째 1교시

문과형 인간에게는 아무리 문과 수학이라도 고등 수학의 벽은 높게만 느껴질 겁니다. 하지만 어찌저찌 중학 수학의 쓸모를 이해했다면 고등 수학은 생각보다 만만하답니다. 자, 긴장 풀고 시작해 볼까요?

✓ 드디어 수학을 써먹는 건가?

(쭈뼛) 안녕하세요, 박사님. 또 뵙게 되었네요.

오, 우리 사랑하는 제자! 들어오시죠. 환영합니다!

어쩌다 보니 고등 수학까지 발을 담그게 됐네요. 이번에도 잘 부탁드려요.

김수포 씨에게 중학 수학이라는 무기를 전수했었지요. 이제 따님에게 설명할 정도는 됐나요?

아직 3살밖에 안 됐어요. 하하. 그래도 다행히 중학 수학을 제대로 복습한 덕분에 제 수학 알레르기는 많이 나았습니다. 딸에게 자신 있게 수학을 왜 공부해야 하는지 정도는

말해줄 만큼 자신감이 생겼어요. 후훗.

 다행입니다! 그럼 고등 수학은 이제 아주 쉽게 시작할 수 있겠군요.

 저… 실은 그게 말입니다.

 무슨 문제라도…?

 중학 수학을 가르쳐 주실 때 선생님이 "수학의 목적은 세상의 문제를 해결하는 것이다"라고 하셨잖아요.

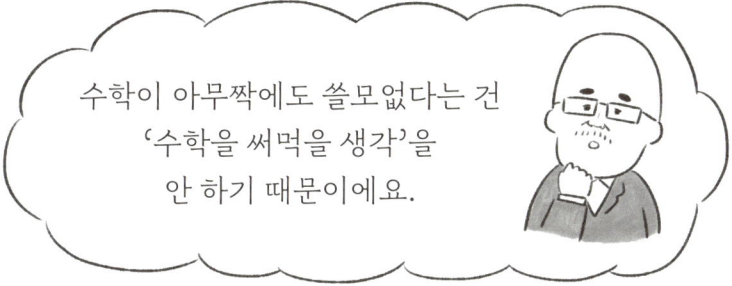

수학이 아무짝에도 쓸모없다는 건
'수학을 써먹을 생각'을
안 하기 때문이에요.

 (끄덕) 그렇습니다. 순수하게 수학을 추구하는 것을 순수 수학, 수학을 세상일에 응용하는 것을 응용 수학이라고 하는데 저는 뼛속까지 응용 수학파지요.

그런데 솔직히 말씀드리면 아직도 일할 때나 밥 먹을 때나 일상생활에서 이차방정식 같은 건 쓰질 않아요. 아직 제가 수학 지식을 활용할 수 있는 상황을 못 만난 걸까요? 아니면 모르고 지나가는 걸까요?

 그렇군요! 이유는 간단합니다. 초등학교나 중학교에서 배우는 수학 지식은 야구로 따지면 '배트 잡는 법'이나 '뜬 공을 처리하는 법'처럼 기초적인 내용들이 대부분입니다. 그런데 고등학교나 대학교에 진학하면 지금까지 배운 기초 지식들을 발전시켜 훌륭한 야구선수에 한 발짝씩 다가가지요.

 흠… 점이 선이 되는 것처럼 말인가요?

 그렇습니다. 지금까지 단편적으로 배운 지식이 고등 수학을 배울 때쯤에는 갑자기 종횡무진으로 이어지면서 '수학으로 이런 걸 한다고? 대단하다!'라며 수학의 쓸모를 체감하게 되지요.

 그럼 고등 수학은… 실용적인 지식을 배울 수 있다는 말인가요? (꿀꺽)

그렇습니다. 더군다나 저는 학교 과정에서도 실용적인 부분만 쏙 뽑아서 알려 줄 테니까요. 수학을 다시 배우고 싶다는 욕구가 이제 생기기 시작한 성인에게 교과서 문제를 풀게 하는 건 가혹한 일이지요.

(활짝) 이제 와서 시험을 볼 것도 아니니까요.

맞습니다. 그러니까 이번에 해치워 버립시다! 그런 의미에서 이번 수업의 최종 목표는 '아, 수학이 이렇게 편리했어?' 하고 느낄 때까지 끌고 가는 것입니다.

✓ 고등 수학, 중학 수학보다 간단하다!?

이제 와 고백하지만 고등 수학을 중학 수학보다 간단하게 만들고 싶다는 게 저의 오랜 꿈입니다. (불끈)

…꿈을 굉장히 크게 꾸시는 편이군요. 고등 수학이라고 했을 때 대충 떠오르는 것만 나열해도 미분, 적분, 벡터, 무슨 함수… 말하는 동안에 벌써 현기증이 나네요. 이런 강적들이 버티고 있는데 중학 수학보다 간단하게 만드는 게 가능할까요?

강적으로 보이는 이유는 새로운 개념이 등장하고 낯선 기호가 아른거리기 때문이지 익숙해지기만 한다면 고등 수학은 사실 그렇게 어렵지 않아요.

(먼 산)…정말 그게 가능할까요?

 저를 믿으세요. 물론 중학 수학에서 배운 지식을 주춧돌 삼아 고등 수학 땐 한 단계 높은 개념을 다룹니다. 하지만 잘 생각해 보세요. 일단 주춧돌이 있다는 것부터가 중학 수학보다 쉽다는 증거입니다. 중학 수학에서 이차방정식과 맞닥뜨렸을 땐 주춧돌조차 없었어요. 그쪽이 벽이 더 높은 셈이죠. 물론 김수포 씨는 중학 수학을 뗐으니 아무 문제 없겠지만요. (의욕)

 그렇…겠죠?

 애초에 공부라는 것이 부지런히 하면 어느 시점부터는 갑자기 간단하게 느껴지는 법입니다. 운동을 할 때나 악기를 배울 때도 그렇지 않습니까? 좌절하지 않고 이 악물고 꿋꿋이 버티면 '뭐야, 이런 거였어?' 하면서 새로운 경지에 다다르는 시점이 오지요. 학문도 똑같습니다.

그럼 저 같은 문과형 인간은 수학에 거부감이 있다기보다 일찍이 수학을 포기한 사람들을 말하는 걸지도 모르겠네요.

 바로 그겁니다! 중간에 포기하는 순간 성장이 멈추기 때문에 수학이나 과학처럼 차곡차곡 쌓아야 하는 학문은 다시 시작하기가 어렵지요. 역사 시간에 서양사 부분을 대충 넘어가거나 영어 시간에 복잡한 문법을 살짝 건너뛰어도 큰 문제가 되지 않지만 수학은 그렇지 않아요. 1단계를 거치지 않고 2단계로 가기가 어렵지요.

 아하! 제가 중간 어느 지점에서 하나를 포기해 버렸기 때문에 이어 나갈 수 없었던 거군요.

 그렇지요. 만약 중학교 때 x에서 한 번 주춤하면 이후 이차방정식은 알 수가 없습니다. 이차방정식에서 또 주춤하면 고등 수학 대부분은 날아가는 거지요. 선생님은 학생들이 중학 수학을 다 이해했다는 걸 전제로 수업을 진행할 테니까요. 이게 주입식 교육의 한계입니다.

사실 저는 고등학교 시절 수학 선생님 얼굴도 기억이 안 나요. 그만큼 하기 싫었나 봐요.

 문과 학생 중에는 그런 사람이 많죠. 그래도 꾹 참고 버텨 중·고등학교에서 배우는 수학 아이템을 하나하나 착실하게 쌓으면 어느 시점부터 갑자기 시야가 넓어집니다.

 아하! 하는 순간인가요? (느껴본 적은 없지만…)

 그렇습니다. 초등학교부터 시작해서 10년 이상을 들여 수학을 배운 이유를 드디어 깨닫는 것이죠. 그 감각을 많은 이과 학생은 느꼈지만 문과 학생은 모르는 경우가 많습니다.

 늦게라도 느껴보고 싶네요.

 물론 막무가내로 쌓기만 한다고 그 감각이 훅 들어오는 건 아닙니다. 중학 수학에서도 몇 번을 곱씹어야 겨우 이해되는 부분이 있지 않습니까? 가령 이차방정식에서 근의 공식을 이끌어 내는 방법 같은 것은 사고 체력이 어느 정도 뒷받침되지 않으면 거기서 수학의 끈을 놓게 되죠. 그런데 이번에는 아마 '뭐? 벌써 끝이라고? 고등 수학이 이렇게 간단했나?'라는 생각을 하게 될 겁니다.

 과연 그럴까요? (살짝 의심스러운 눈초리) 그럼 선생님을 믿고 열심히 해보겠습니다!

간결하고 획기적인 커리큘럼!

고등 수학을 효율적으로 이해하는 가장 빠른 방법은 '명확한 목적'과 '가지치기'에 있습니다. 고등 수학 교과 과정에서 핵심만 남겨 두고 80%나 쳐낸 세계 최초 대박사식 커리큘럼을 소개하겠습니다.

✔ 교과서의 80%를 싹둑 자르다!

 가지를 확 쳐냈다고 하셨는데 고등 수학은 범위가 어마어마하지 않나요? 마치 러시아 땅덩이처럼 말이에요.

 그래서 이번에는 커리큘럼을 짜는 데 상당히 오랜 시간을 들였습니다. 제 연구도 뒷전으로 밀어내고 말이지요! (의지)

 (부담)아… 안 그러셔도 되… 아니, 감사합니다. 이번에도 우리가 배운 교과서를 무시하나요?

 당연한 말씀. 교과서의 군더더기를 쳐내고 철저하게 알맹이만 쏙쏙 뽑았습니다. 80% 정도 줄였을 걸요? 사실 제가 여행 갈 때도 군더더기 없이 필요한 짐만 챙기는 데 도가 튼 사람입니다.

엇, 그랬다가 세면도구나 옷가지가 모자라면요?

 가서 사면 되지요. 그래서 학습도 간소주의가 좋다는 철칙을 갖고 있습니다. 중요한 부분만 확실히 잡아 두면 실제로 필요한 상황에 닥쳤을 때 스스로 해결할 수 있는 힘이 생기기 마련이지요. 스마트폰으로 검색만 해도 웬만한 정보를 얻을 수 있으니까요.

그런데 '이것도 챙겨, 저것도 써먹을 수 있으니까 외워 놔'라면서 닥치는 대로 집어넣다 보면 막상 필요한 상황에 닥쳤을 때 뭐가 필요한지 파악하는 것조차 어렵죠. 그 무게를 견디지 못하면 무너져 내리는 겁니다.

 …제 얘기하시는 중인가요?

 그러니 알맹이만 쏙 뽑으면 고등 수학도 이렇게 간단하다는 사실을 이 책으로 증명하려고 합니다!

 (감동) 너무 듬직하십니다.

✅ 세계 최초! '대박사식' 문과 수학 분류법

 그럼 이번에도 공략할 끝판왕, 즉 목표를 세우고 그걸 쓰러뜨리기 위한 여정에서 필요한 아이템들을 줍는 건가요?

 그야 물론이죠! 그게 지름길이고 뻔히 보이는 지름길을 마다할 필요가 없으니까요.

 저같이 성격 급한 어른에게 안성맞춤이군요.

 교과서처럼 이리 갔다 저리 갔다 하느라 '이건 어디서 써먹을 수 있을까?', '이게 대체 무슨 말이야?' 하면서 헤매는 일은 없을 겁니다. 단, 전체 그림과 목표를 늘 염두에 두어야 합니다.

 그럼 이번 판의 끝판왕은 뭔가요?(불끈)

 중학 편에서도 설명했지만 수학은 수와 식(대수), 그래프와 함수(해석), 도형(기하), 이렇게 크게 3가지로 분류할 수 있습니다. 기억나지요?

> **수학은…**
>
> · 대수(algebra) = 수와 식
> · 해석(analysis) = 그래프
> · 기하(geometry) = 도형
>
> 크게 3가지로 나눌 수 있습니다.

 (가물가물) 음… 그랬던 것 같기도 하고… 아! 저 3가지 각각 목표점이 있었죠?

 맞습니다! 역시 기억하는군요.(뿌듯) 중학 수학의 목표는 이랬었죠.

> **중학 수학의 목표**
>
> · 대수 ➡ 이차방정식
> · 해석 ➡ 이차함수
> · 기하 ➡ 피타고라스의 정리, 원주각, 닮음

 아~ 덕분에 무사히 하나씩 통과했죠. (아련)

 고등 문과 수학의 목표는 바로 이렇습니다.

고등 문과 수학의 목표

· 대수 ➡ 데이터 다루기
· 해석 ➡ 4가지 함수 끝내기
· 기하 ➡ '피타고라스의 정리' 일반화하기

 오오! 정말 이 3가지면 되나요?

 저만 믿으세요. 제가 고민에 고민을 거듭해서 뽑아낸 문과를 위한 고등 수학 가이드의 끝이니까요. 심적 부담을 줄이려 교과서의 80%나 잘라냈습니다! '이렇게까지 줄였다고?'라는 소리가 절로 나올 겁니다. 이래 봬도 중요한 포인트는 다 들어 있어요.

그리고 이 끝판왕들을 쓰러뜨리기 위해 모아야 할 주요 아이템은 이렇게 설정했습니다.

<목표 달성을 위해 습득해야 할 주요 아이템>

대수의 끝판왕 '데이터 다루기'
주요 아이템 : 수열의 합 계산하기
　　　　　　순열과 조합
　　　　　　분산과 표준편차

해석의 끝판왕 '4가지 함수 끝내기'
주요 아이템 : 이차함수
　　　　　　지수함수·로그함수
　　　　　　삼각함수

기하의 끝판왕 '피타고라스의 정리' 일반화하기!
주요 아이템 : 삼각비(sin, cos) 이해
　　　　　　코사인 법칙 증명

이밖에도 고등 이과 수학 영역에 살짝 발을 담근 방과 후 특강까지 준비했습니다. 응용에 필요한 것이죠.

<방과 후 특강>
① '벡터' 개념 이해하기
② '미분·적분' 이해하기

그런데 교과서가 어떻게 구성되어 있었는지 기억은 나지 않지만, 적어도 이렇게 깔끔하게 목표 위주로 정리되어 있지는 않았던 것 같은데요.

 그야 이런 분류는 세계 최초니까요. 바로 대박사식이죠. (자부심)

 아… 네. 그럼 이제 시작해 주시죠! 전 준비됐습니다!

✔ 고등 수학에서 가장 편한 '대수'

 대수부터 시작해 볼까요? 대수 기억나시지요?

 음… 대수가 x나 y 같은 문자를 써서 식을 세우고 바지런히 계산하는 거였죠? 수나 식을 다루는….

 그렇습니다. 중학 버전을 확실히 끝내셨군요. 모르는 수는 일단 x로 두고 식을 세운 다음 그 식을 계산해서 x의 값을 구하는 겁니다. 이것이 바로 인류가 터득한 지혜라고도 말했었죠.

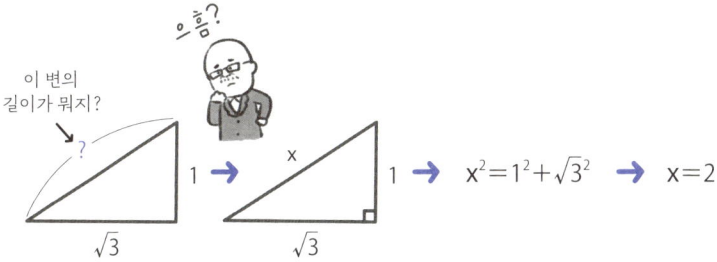

모르는 부분은 일단 x로 두고 식을 세운 다음 풀기

대수는 모르는 부분을 x로 두고 인과 관계를 따져 해답을 도출해내는 게 무척 획기적이라고 하셨죠. 그 대수의 끝판왕이 데이터란 말씀이신가요?

 그렇지요. 세상 어디에도 대수를 데이터로 묶은 커리큘럼은 없을 겁니다. 실제로 교과 과정에서 배우는 대수를 사회에서 데이터를 다룰 때 써먹을 수 있어요. 게다가 고등학교 대수에는 골머리를 오래 썩일 만큼 지나치게 어려운 문제가 없어요. 중학 과정에서는 대수에 이차방정식이 나오니까 수학의 3대 영역인 대수, 해석, 기하 중 가장 어려웠는데 고등 과정에서는 대수가 제일 간단하지요.

 아…하…(미, 믿어야 하나…)

✓ 고등 수학의 최고봉은 '미분·적분'

 그럼 다음은 해석인가요? 해석은 함수와 그래프의 세계였죠?

 맞습니다. 해석의 최종 목표가 바로 미분·적분입니다. 왜냐하면 수학에서 해석의 뜻은 미분·적분하기니까요.

 아… 그렇군요. (떨떠름)

 전혀 이해한 표정이 아닌걸요? 좀 더 쉽게 설명하자면 '무슨 무슨 함수'라는 건 모두 미분·적분을 사용하여 해석하는 대상을 가리키는 겁니다. 함수와 미분·적분은 항상 붙어 있기 때문에 중학교 때부터 조금씩 함수 종류를 늘려가는 겁니다. 그러면 세상의 복잡한 현상을 해석할 수 있는 힘이 생깁니다.

아하! 함수와 미분·적분이 그런 관계였군요!

 이제야 좀 눈이 반짝이네요. 그런데 현재 문과 수학 교과 과정에서 미분·적분은 개념만 이해하면 충분하다고 하지요. 실제로 식을 열심히 푸는 건 이과 학생들뿐입니다.

 이과를 택하지 않아서 다행이네요. 엇, 그러면 미분·적분의 개념은 지난 중학 수학에서 이미 끝났다는 말씀이신가요?

 그렇습니다. 대신 고등 수학에선 대수에서 얻을 수 있는 수열을 사용해서 조금 더 자세히 알아보려고 합니다. 그런데 사실 이 부분은 문과 수학 과정에서 벗어난 내용이기 때문에 마지막 수업에서 단독으로 다룰 생각이에요. 감동적인 마무리겠네요.

 그럼 조, 조금 기대해 보겠습니다.

 자, 그러니 3일째쯤에는 몇 가지 함수를 터득해야 합니다. 바로 이차함수와 지수함수 그리고 로그함수입니다.

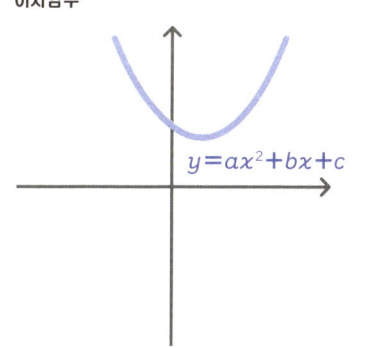

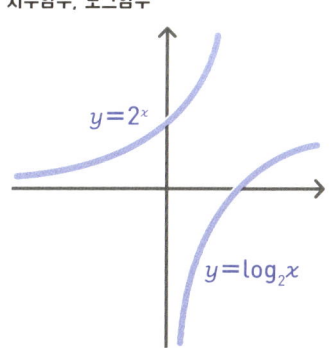

이차함수 기억나시지요?

 (먼 산)

 아…(잊어버린 모양이군) 걱정 마세요. 간단히 복습하고 시작할 테니까요. 그리고 사실 고등 과정에는 삼각함수라는 것도 등장하는데 제 커리큘럼에선 기하에서 삼각형 공부를 할 때 같이 해치워 버릴 겁니다.

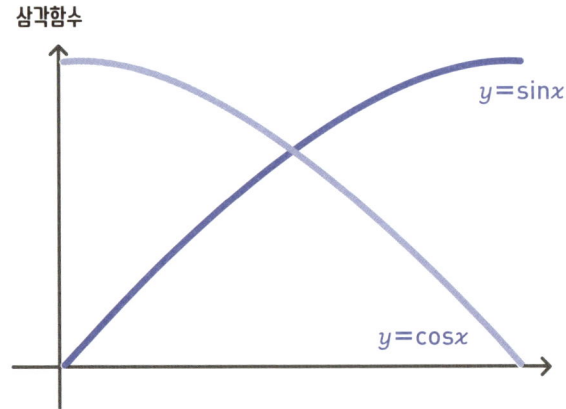

 오… 잘은 모르겠지만 왠지 뭔가 줄어든 것 같네요.

 덧붙이자면 로그함수는 지수함수의 사은품 같은 것이니 실질적으로는 지수함수만 메인으로 다룰 겁니다. 더 줄어드는 셈이지요.

 제 마음의 짐도 줄어드는 기분이네요.(활짝)

✅ 매우 편리한 아이템 '코사인 정리'

 자, 그럼 기하부터 시작해 볼까요? 우선 기하는 도형을 말합니다. 기하의 끝판왕은 피타고라스의 정리 일반화하기였지요.

 넵! 음… 그런데 피타고라스의 정리를 일반화한다는 게 무슨 뜻인가요?

 '피타고라스의 정리'를 확장한 버전이라고 보시면 됩니다. 코사인 정리라고도 하죠. 바로 이것을 증명하려고 합니다.

 확장 버전이라니요?

 '피타고라스의 정리'는 직각삼각형 세 변의 관계를 나타낸 정리 ($a^2+b^2=c^2$)였죠. 여기에 코사인 정리를 사용하면 삼각형 모양이 직각이 아니더라도 세 변의 관계를 나타낼 수 있습니다.

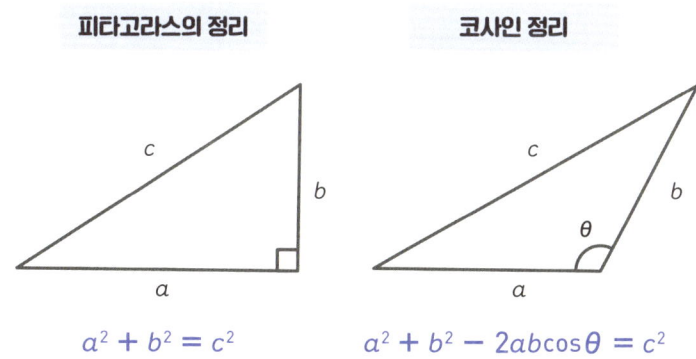

피타고라스의 정리
$a^2 + b^2 = c^2$

코사인 정리
$a^2 + b^2 - 2ab\cos\theta = c^2$

그런데 코사인 정리는 교과서에서 배운 기억이 없는 것 같은데요.

 안 했을 리가 없습니다.(단호) 하지만 코사인 정리를 이해하려면 많은 문과 학생들이 좌절을 맛봤던 sin, cos, tan라는 삼각비를 이해해야 합니다.

 아, 결국 마주쳐 버리고 말았네요. 삼각비 놈들…

 그렇지요. 삼각비에서 막히면 코사인 정리는 머리에 하나도 들어오지 않을 겁니다. 사실 기하의 가장 큰 장애물은 삼각비를 이해하는 겁니다. 그러니 이 장애물만 넘으면 그 뒤는 술술 풀리게 되어 있죠.

✔️ 기하의 진정한 끝판왕은 '벡터'

 사실 기하의 끝판왕은 벡터였습니다. 오랜 세월 동안 끝판왕 자리를 차지하고 있었습니다. 문과 수학 교과 과정에선 이제 깊이 다루지 않게 되었지만 말이지요.

 좋겠네요, 요즘 애들은.(부럽)

그렇다고 벡터가 끝판왕 자리에서 내려온 건 아닙니다. 벡터를 알면 어떤 도형 문제든 재깍재깍 이해할 수 있거든요. 삼각형이나 원 등 다양한 도형 원리도 벡터만 자유자재로 쓸 줄 알면 단번에 증명할 수 있지요. 실제로 연구자들도 도형을 다룰 때는 기본적으로 벡터만 씁니다.

 정말인가요? 새삼 놀랍네요. 중고등학교 때 배운 수학으로 세상이 돌아가고 있다는 게… 그럼 중학교 때 벡터를 알아 두면 훨씬 좋은 것 아닌가요?

 저도 고등 수학 과정에서야 벡터를 알고 왜 이렇게 편리한 걸 아껴놨냐며 분노했었죠.

 오호, 그렇게까지 말씀하시니 궁금해지는데요.

 벡터는 개념을 이해하기가 어렵지 계산은 어렵지 않아요. 김수포 씨라면 해낼 수 있을 겁니다! 벡터도 문과 수학이 끝난 다음 '방과 후 특강'에서 다루도록 합시다.

 마치 부록이 2개 있는 잡지 같네요.

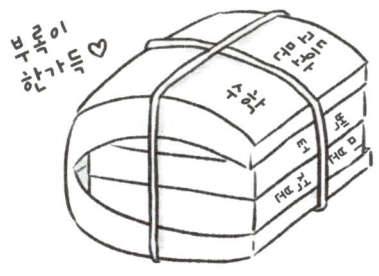

35

COLUMN
문과생이 수학을 이해하지 못하는 이유

2일째

고등 문과 수학의 '대수'를 손쉽게 마스터 하라!

통계학 기초 빠르게 떼기

2일째 1교시

'대수'의 최종 목표는 '데이터 다루기'입니다. 본격적으로 데이터 다루기에 앞서 필요한 3개의 필수 아이템부터 얻어 볼까요?

✔ 데이터를 다루는 데 필요한 3가지 필수 요소는?

 오늘은 고등 문과 수학의 대수를 전광석화처럼 끝내봅시다. 목표 시간은…(시계를 흘깃 보며) 2시간 정도면 충분하겠네요.

 (화들짝) 그렇게 빨리요?

 빠르기만 하겠습니까? 학교 수업보다 10배는 쉽고 10배는 더 유용할 겁니다. 먼저 대수의 끝판왕은 데이터 다루기라고 했었죠. 이 끝판왕을 쓰러뜨리기 위해서는 3개의 아이템을 획득해야 합니다.

〈데이터 다루기의 기초가 되는 3가지 필수 요소〉

숫자 더하기
패턴 세기
불규칙 알아보기

요컨대 숫자 더하기, 패턴 세기, 불규칙 알아보기를 자유자재로 다룰 줄 알게 되면 데이터 다루기의 기초를 익힐 수 있다는 겁니다. 이걸 오늘의 목표로 정하도록 하지요.

 이걸 하루 만에요?

 아차, 하루가 아니라 2시간이군요. 자, 시간이 없습니다. 어서 시작해 볼까요?

 하루론 부족할 것 같은 건 기분 탓이겠죠?

 당연히 기분 탓이지요. 저를 믿고 오십시오!

✅ '숫자 더하기'가 편리한 이유

 간단하게 데이터 다루기의 3가지 필수 요소를 설명드리겠습니다. 먼저 숫자 더하기는, 어떤 나열된 수에 규칙성이 있다면 그 합을 간단한 공식으로 구할 수 있습니다. 계산기가 없어도 말이지요. 여기서 나열된 수를 수열이라고 합니다.

 엇, 꼭 규칙성이 있어야 하나요? 불규칙이면 안 되나요?

 안 됩니다. 예컨대 5, 2, 5, 4, 9, 1, 3처럼 불규칙한 수열의 합을 구하려면 일일이 덧셈을 할 수밖에 없어요. 물론 엑셀을 쓸 줄 안다면 불규칙한 수열의 합도 금세 구할 수 있겠지만 말이지요.

 아, 그건 저도 쓰고 있어요! SUM 함수를 쓰면 간단하죠.(뿌듯)

그렇지요. 그런데 가끔 숫자를 잘못 입력할 때도 있지 않습니까?

 (뜨끔) 사실 자주 그래요. 엑셀은 믿지만 데이터를 입력하는 저를 믿을 수 없네요. 그런데 규칙성이 있는 숫자든 아니든 번거롭더라도 하나하나 더할 줄만 알면 문제없는 거 아닌가요? 뭔가 대수를 물리치는 필수 아이템이라기엔 좀 약해 보이는데요.

 그럼 만약 더해야 할 숫자가 30만 개 정도라면 어떨까요? 실수 없이 엑셀에 입력할 자신 있나요?

 (재빠르게) 눈곱만큼도 없습니다!

 하하. 그렇지요? 규칙성 있는 수열 다루는 법을 알아 두면 아무리 데이터의 양이 방대해도 해치울 수 있으니 정말 편리합니다. 예를 들면, 1, 3, 5, 7, …로 이어지는 수열에서 2,453번째에 있는 숫자가 무엇인지 알아내는 데 필요한 건 간단한 공식 하나뿐이죠.

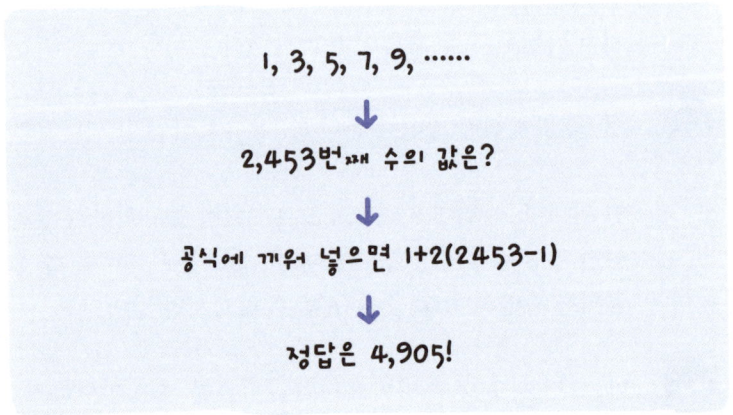

오호라… 데이터가 3만 개라면 그거 정말 편하겠네요. 그런데 규칙성이라는 게 구체적으로 어떤 건가요?

 규칙적으로 나열된 수열의 대표적 패턴은 다음과 같은 2가지가 있지요. 차가 같은 패턴을 등차라고 하고 비가 같은 패턴을 등비라고 하지요.

> 양옆의 숫자 '차'가 같은
> 패턴(등차수열)
> 1, 3, 5, 7, 9, ……
>
> 양옆의 숫자 '비'가 같은
> 패턴(등비수열)
> 1, 2, 4, 8, 16, ……

 비요? 비가 뭔가요? 차는 알겠는데 비는…(어리둥절)

 1, 2, 4, 8, 16이라는 수열에서는 2배라는 비를 반복하고 있지요?

 아! 1을 2배하면 2고, 2를 2배하면 4네요.

 네. 그래서 등비라고 합니다. 대학 과정에선 더 많은 규칙성을 배우기도 하는데 일상에서 써먹기 위한 수준으로는 이 2가지 패턴만 알아 두면 되지요.

✅ '패턴 세기'란?

 그럼 패턴 세기는 무엇인가요?

 예를 들어 김수포 씨가 근무하는 음료수 회사에서 새 주스 레시피를 개발한다고 가정해 봅시다. 원재료 후보는 10개. 이 중 3개를 섞어서 새 주스를 만들려고 해요. 이때 몇 가지 패턴을 샘플로 만들 수 있을까요?

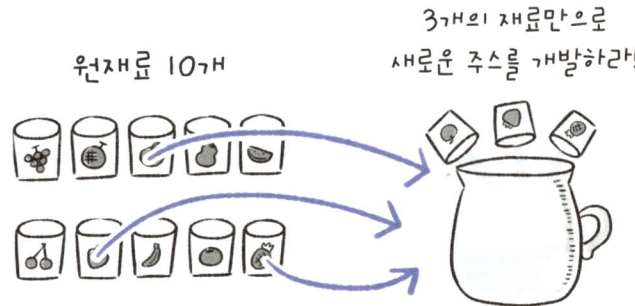

 음… 10개니까… 3개씩이면…

 머릿속에 딱 떠오르지 않지요?

 종이랑 펜만 있으면 하나하나 써서…

 하하. 그랬다간 반나절은 족히 걸릴 겁니다. 만약 원재료 후보가 3개고 그중 2개를 조합해 새 주스를 만드는 거라면 종이에 끄적이는 거로 간단하게 끝나겠지요. 그런데 숫자가 늘어나면 전부 다 쓰기가 복잡해지지요. 이때 쓸 수 있는 것이 '패턴 세기'입니다. 거창하게 보일 수 있지만 사실 두 종류밖에 없어요. 순열과 조합이지요.

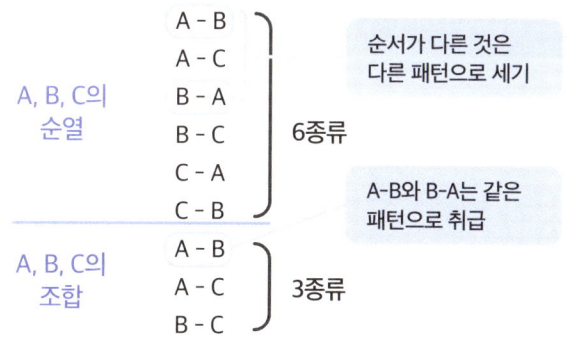

조합이란 원재료 10개 중에 3개를 조합해 음료를 만든다면 총 몇 가지 음료를 만들 수 있을지를 알아보는 것입니다.
순열은 임의로 원재료 3개를 마구잡이로 선택하는 것이 아니라 순서까지 고려하는 것입니다. 가령 원재료로 무엇을 먼저 선택하느냐가 주스의 맛에 영향을 미친다면 순열을 쓰지요.

음… 딸기와 포도, 오렌지를 섞는다면 맛이 강한 포도를 먼저 넣고 다음으로 오렌지, 딸기를 넣으면 맛있겠네요.

그렇지요. 그리고 '딸기, 포도, 오렌지'를 섞는 게 한 패턴이 되는 겁니다. 순열에서는 '딸기, 포도, 오렌지' 순서로 섞는 것과 '오렌지, 딸기, 포도' 순서로 섞는 것을 다른 것으로 취급합니다. 즉, 순서가 상관없을 때는 조합이고 순서가 상관있을 땐 순열이라고 외우면 됩니다. 간단하지요?

머리에 쏙 들어왔어! (깜짝)

✓ '불규칙 알아보기'와 표준편차

 이제 마지막으로 불규칙 알아보기가 남았군요. 불규칙 알아보기는 말 그대로 불규칙한 숫자를 말하는 거겠죠?

 눈치채버렸군요. 맞습니다. 예를 들면 전교생의 시험 점수나 매일 변동하는 주가가 있지요. 이런 데이터를 실제 업무나 연구에 활용하는 사람들은 꼭 알아야 하지요. 김수포 씨는 이런 데이터를 보면 무엇을 할 수 있을 것 같나요?

불규칙한 데이터의 예

A	80점
B	62점
C	45점
D	70점
E	72점

시험 점수

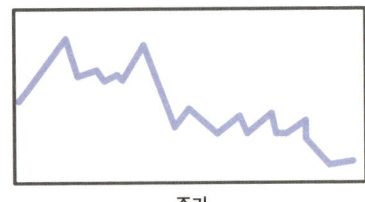

주가

 글쎄요… 평균 구하기?

 그것도 중요합니다! 불규칙한 데이터를 볼 때 각 데이터가 평균에서 얼마나 벗어나 있는지를 보기도 하니 평균이라는 개념도 사용하지요. 그리고 평균에서 벗어난 값을 하나하나 조사하고 제곱해 평균을 구하면 벗어난 값의 평균을 구할 수 있겠지요. 그걸 분산이라고 합니다. 그리고 그 분산 구하는 법을 가져와 구한 것이 표준편차지요.

 오호~ 서로 연결되는군요.

그렇습니다. 그럼 이번 수업은 불규칙한 데이터로 표준편차 계산하는 법을 마스터하는 걸 목표로 해볼까요?

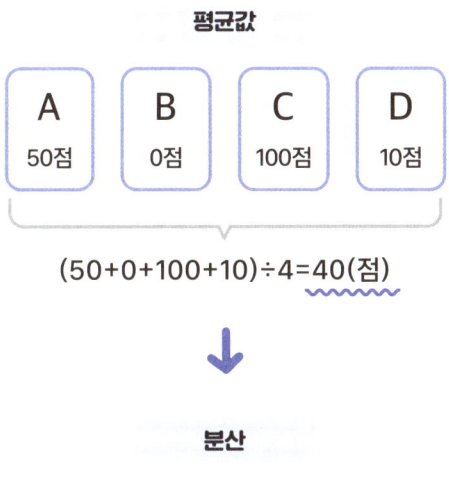

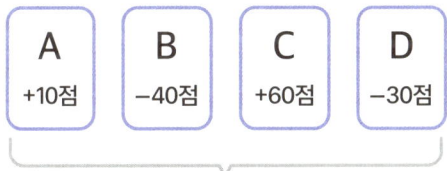

표준편차라니… 벌써부터 머리가 지끈거리는데요.

 하하. 낯설어서일 겁니다. 표준편차 역시 그저 무언가를 재는 단위에 불과해요. 길이를 잴 때 미터, 센티미터를 쓰는 것과 마찬가지지요.

> 길이를 재는 단위 → 미터, 인치, 센티미터 등
> 불규칙을 재는 단위 → 표준편차

 표준편차가 크면, 극단적으로 큰 값이나 극단적으로 작은 값이 섞여 있어 편차가 심한 데이터라고 할 수 있고 반대로 표준편차가 작으면 평균에 가까운 값이 많이 있어 편차가 작은 데이터라고 할 수 있습니다. 즉, 값이 고르면 표준편차는 0에 가까워지지요.

 그럼 값들이 얼마나 고른가 또는 얼마나 들쑥날쑥한가를 알 수 있겠군요. 그렇게 생각하니 조금 간단해 보이네요.

 그렇지요? 자, 이렇게 통계학 도입 부분이 끝났습니다.

 예?! 진짜 이렇게만 알고 넘어가도 되나요? (미심쩍)

 숫자 더하기, 패턴 세기, 불규칙 알아보기의 개념을 알아 뒀으니 이제 다음 단계로 넘어가도 괜찮습니다. 저를 믿고 따라오세요! (박력)

2일째 2교시 수열의 합 구하기

'데이터 다루기'의 필수 요소 3가지를 단숨에 끝냈으니 이제 '수열의 합'을 구해 봅시다.

✔ 천재 소년 가우스의 발견 '뒤집어서 더하기'

 그럼 바로 첫 번째 아이템인 수열 더하기부터 시작해 볼까요? 먼저 등차수열, 다시 말해 양옆에 있는 숫자의 차가 같은 패턴을 살펴보지요.

 넵!(반짝)

 그 전에 제가 학생 때 듣고 감동받았던 이야기부터 시작해야겠군요. 19세기의 위대한 과학자 중 한 명을 꼽자면 저는 단연 카를 프리드리히 가우스를 꼽을 것입니다. 어릴 때부터 어마어마한 천재였던 인물이지요. 개인적으로 이분의 생가를 보러 독일까지 다녀올 정도로 팬이랍니다.(아련)

카를 프리드리히 가우스
(1777-1855)

 아! 전자파 단위로 불리는 그 사람이죠?

네, 맞습니다. 그 가우스가 어릴 때 학교에서 잘못을 저질러 선생님이 벌로 1부터 100까지 전부 다 더하라는 과제를 낸 적이 있었지요.

 차라리 운동장 10바퀴를 뛰는 게 마음 편하겠네요.

 그렇지요. 정말 귀찮습니다. 1에 2를 더하면 3, 3을 더하면 6, 4를 더하면 10… 이런 식으로 노트에 계속 적어야 하니까 울며 겨자 먹기로 계산하겠지요. 그런데 천재 소년 가우스는 달랐어요. 그는 천연덕스러운 표정으로 노트에 무언가를 적더니 단숨에 "끝났습니다" 하며 손을 들었다고 합니다. 힘들라고 시킨 과젠데 단숨에 끝낸 것도 모자라 정답이었지요.

 그게 가능한가요?!

 패턴을 이해하면 무척 간단합니다. 하나하나 더하는 것보다 훨씬 쉽죠. 다만 그 패턴을 단숨에 파악했다는 점에서 가우스가 천재인 것입니다. 입을 다물지 못하는 선생님께 가우스가 설명한 풀이는 이렇습니다. 먼저 '수열의 합'을 적습니다.

$$1+2+3+\cdots\cdots+98+99+100$$

 물론 이것만 가지곤 답이 나올 수 없지요. 그래서 가우스는 그 수열의 합 바로 아래에 순서를 뒤집은 수열의 합을 적었습니다.

$$1+2+3+\cdots\cdots+98+99+100$$
$$100+99+98+\cdots\cdots+3+2+1$$

 뒤집은 수열

 오오… 뭔진 모르겠지만 뭔가 될 것 같은 느낌이…

 이 2개의 수열은 오름차순과 내림차순이라는 차이만 있을 뿐 합은 바뀌지 않았겠지요? 자, 그렇다면 이 2개의 수열을 비교하면 무엇을 알 수 있을까요?

 하나도 모르겠는데요.(당당)

 하하. 위아래 숫자를 더하면 모두 101이 됩니다. 가령 맨 앞의 첫 번째 수열의 1과 두 번째 수열의 100을 더해도 101, 맨 마지막의 100과 1을 더해도 101. 각 수열의 세 번째에 있는 3+98을 해도 101이지요.

1	+	2	+	3	+ …… +	98	+	99	+	100
100	+	99	+	98	+ …… +	3	+	2	+	1

더하면 101!

정말이네?! 생각도 못 했네요!

 자, 그럼 이렇게 더하면 101이 되는 한 쌍의 숫자가 총 몇 개일까요?(이 정돈 알겠지…?)

 어…음… 1부터 100이니까 100개요!

 맞습니다. 더하면 101이 되는 한 쌍의 숫자가 100개니까 위아래 수열을 모두 더하면 이렇게 되겠지요.

$$101 \times 100 = 10100$$

 마치 뭔가에 홀린 것 같은 기분이에요.

 그리고 수열이 2개니 원래 알고 싶었던 값의 2배인 셈이지요. 그러니 이 10,100을 2로 나누면 끝입니다.

$$10100 \div 2 = 5050$$

 정답은 5,050입니다. 1부터 100까지 다 더한 값은 5,050이 됩니다.

 이럴 수가…! 지금 제 표정이 가우스가 과제를 풀어낸 걸 본 선생님의 표정이겠죠?

하하. 결론을 말하자면 등차수열의 합을 계산하는 법은 뒤집어서 더하기입니다. 이걸 꼭 기억하세요. 처음에 접근하는 방법만 알아 두면 마지막에 2로 나눈다는 건 저절로 알 수 있지요.

이렇게 쉬운 걸 전 왜 여태 몰랐을까요. 전혀 눈치도 못 챘어요.

김수포 씨만 몰랐던 건 아닙니다. 오랜 세월 동안 인류가 이 방법을 몰랐답니다. 그걸 알게 된 사람이 바로 어린 가우스였지요.

저만 모른 게 아니었군요. (안심)

가우스는 수열이라는 세계를 개척한 장본인이기도 해요. 저도 이 이야기를 어릴 때 책에서 읽고 정말 감동받았었지요.

✔ **이렇게 편리할 수가 없다! 어떤 등차수열에도 사용 가능**

선생님! 질문이 있습니다! 혹시 숫자 간격이 1씩이 아니어도 이 방법을 쓸 수 있나요?

오~ 아주 좋은 질문입니다. 당연히 쓸 수 있지요. 예를 들어 간격이 2인 수열의 합을 생각해 볼까요?

$$1 + 3 + 5 + 7 + 9 + 11$$

이 수열의 합을 알고 싶을 때도 뒤집어서 더하기만 하면 돼요.

```
  1 + 3 + 5 + 7 + 9 + 11
+ 11 + 9 + 7 + 5 + 3 + 1    ← 뒤집어서
─────────────────────────
 12 + 12 + 12 + 12 + 12 + 12  ← 더하기

        12 × 6 ÷ 2 = 36
         ↑       ↑
      12가 6개  2배이므로 2로 나눈다!
```

 (감격) 진짜 되네… 그럼 수열의 첫 수가 1이 아닐 때는요?

 똑같이 풀면 됩니다. 예를 들어 2+5+8+11이라는 등차수열의 합을 뒤집으면 11+8+5+2가 되지요? 위와 아래를 더하면 13입니다. 그게 4쌍이 있으니 13×4를 하면 52지요. 마지막으로 2로 나누면 26이 나오네요. 어때요, 간단하지 않나요?

 숫자를 하나하나 더할 필요 없이 그저 수열을 뒤집은 다음 첫 숫자와 마지막 숫자를 더하고 두 수열의 쌍만큼 곱했다가 2로 나누기만 하면 되니 말도 안 되게 간단하군요. 이 방법만 있으면 1부터 100까지가 아니라 1부터 1만까지도 금세 더할 수 있겠어요!

 머릿속에 정리가 다 됐군요. 잘했습니다! 바로 그겁니다.

✅ 아직도 공식 외우니? 외우지 말고 이해하자!

 그런데 이건 공식 같은 게 없나요?

 있긴 하지만 이미 이해를 하셨으니 필요가 없지요.

 엇, 공식을 외우지 않아도 되나요?

 공식은 문제를 푸는 방법 중 하나에 불과합니다. 공식이 나온 과정을 이해하면 언제든 자신의 힘으로 공식을 끌어낼 수 있지요. 그리고 수학에서 그것이 공식보다 더 중요합니다. 오히려 공식을 만들면 괜히 더 어려워 보이기도 하고 공식을 외우느라 정작 중요한 핵심을 보지 못하게 되지요.

 아… 제 기억의 서랍 속에 등차수열의 조각이 조금도 남아 있지 않은 이유가 공식을 달달 외우려 했기 때문이었군요. 그때 가우스의 이야기를 들었으면 달라졌을지도 모르는데…

 그럴 수도 있지요. 교과서 페이지만 열면 공식이 앞다투어 불쑥불쑥 튀어나오잖아요. 그걸 보고 '우와, 수학 진짜 재미있다!' 하고 생각하는 학생이 얼마나 될까요?

 일단 한 명은 확실히 아닙니다. 바로 저죠.

 우리가 철저하게 익혀야 하는 것은 사고법이지 공식이 아닙니다. 저도 공식은 하나도 안 외웠어요! (쾌활)

 엥?! 박사님도요?

그럼요. 사고법만 알면 10년이 지나든 20년이 지나든 공식 따위 없어도 문제를 술술 풀 수 있어요.

✓ 등차수열의 합의 공식 이끌어 내기

자, 그럼 준비는 다 됐으니 이제 등차수열의 합의 공식을 도출해 보겠습니다. 교과서에 있던 그 희한한 식이 이런 뜻이구나 하고 이해하기 위한 과정이라고 생각해 주세요.

드디어 제가 그걸 왜 외웠는지 알게 되는군요!

우선 1, 3, 5, …, 11이라는 수열을 볼까요? 수열의 첫 숫자를 초항이라고 합니다. 여기서는 1이지요. 초항을 나타내는 문자는 아무거나 상관없지만, 수학계의 작법을 따라 a라고 하겠습니다.

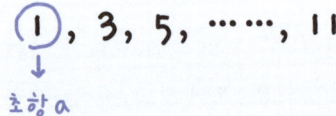

다음으로 숫자와 숫자의 차를 공차라고 합니다. 수학에서는 차이를 뜻하는 Differential의 머리글자를 따 d라고 흔히들 쓰지요. 여기서는 2가 되겠네요.

$$1, 3, 5, \cdots, 11$$

+2 +2

공차 d

 아니? 왜 굳이 영어 알파벳으로 쓰죠?

 대수니까 수열을 수학의 '식'으로 표기하기 위해서지요. 예를 들면 초항 a와 공차 d를 문자로 표기하면 수열의 x번째에 있는 숫자 y를 식으로 표현할 수 있게 되지요.

〈등차수열의 일반항 식〉

$$Y = a + d \times (x-1)$$

x번째 숫자   초항   공차   공차의 덧셈을 반복하는 횟수

 이 식을 교과서에서는 등차수열의 일반항 식이라고 부릅니다. 요컨대 x번째 숫자를 계산하기 위한 식이라는 뜻이지요. 앞서 1교시에서 1, 3, 5, 7, …로 이어지는 수열에서 2,453번째에 있는 숫자가 무엇인지 알아낼 때 이 식으로 계산했습니다.

 갑자기 수학 느낌이 확 드네요.

 긴장하지 마세요. 그래도 내용은 간단하지 않습니까? 자, 그럼 이 식의 오른쪽 끝에 $(x-1)$이 왜 붙어 있을까요? 이 -1은 어디서 튀어 나왔을까요?

뜬금없기는 하네요.

 만약 3번째 숫자를 알고 싶다고 해서 그대로 $a+d\times3$이라는 식을 세우면 틀린 답이 나올 겁니다. 1, 3, 5 … 11이라는 수열에서 3번째 숫자는 +2의 공차가 2번 발생하지요. 1+2+2가 5이기 때문입니다. 그래서 3번째 숫자까지는 공차가 3번이 아니라 2번 있다는 뜻입니다. 즉, x번째 숫자는 공차를 $x-1$번 반복해서 더한 결과입니다. 실제로 이 일반항의 식을 써 볼까요?

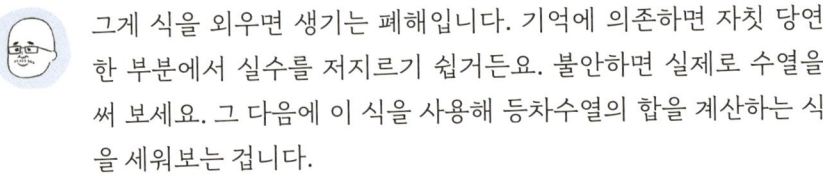

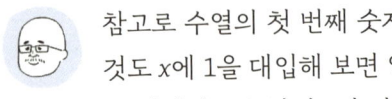 참고로 수열의 첫 번째 숫자는 공차가 한 번도 발생하지 않지요. 그것도 x에 1을 대입해 보면 알 수 있습니다. 1-1은 0이 되기 때문에 d는 없어지고 초항인 1만 남게 되지요.

 오오… 그런데 한 달쯤 지나면 기억이 흐릿해져서 1을 뺐나? 아니면 그대로 순서를 넣었나? 하면서 헷갈릴 것 같아요.

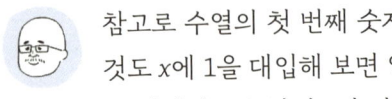 그게 식을 외우면 생기는 폐해입니다. 기억에 의존하면 자칫 당연한 부분에서 실수를 저지르기 쉽거든요. 불안하면 실제로 수열을 써 보세요. 그 다음에 이 식을 사용해 등차수열의 합을 계산하는 식을 세워보는 겁니다.

 다 끝난 줄 알았더니…

조금만 더 버텨 봅시다! 거의 다 왔어요. 자, 방금 했던 일반항을 써서 등차수열의 합을 구해 볼까요?

<등차수열의 합>

$$a + \underbrace{a+d}_{2번째} + \underbrace{a+2d}_{3번째} + \cdots + \underbrace{a+d(x-1)}_{x번째}$$

(1번째)

 첫 숫자는 초항 a입니다. 2번째 숫자는 공차가 1회밖에 없으니까 $a+d\times1$, 즉 $a+d$입니다. 3번째는 공차가 2회이므로 $a+2d$입니다. 그리고 마지막 숫자는 $a+d(x-1)$이 되겠지요. x번째 숫자는 공차를 $x-1$회 반복해서 더한 셈이니까요. 이번에는 가우스를 떠올리며 이 수열의 합을 뒤집어서 위와 아래를 더해 봅시다.

$$\begin{array}{l} a + a+d + a+2d + \cdots + a+d(x-1) \\ +)\, a+d(x-1) + a+d(x-2) + a+d(x-3) + \cdots + a \\ \hline 2a+d(x-1) + \cdots + 2a+d(x-1) \end{array}$$

 그리고 첫 숫자와 마지막 숫자를 더하면 됩니다. 그럼 이 $2a+d(x-1)$이 몇 쌍 있을까요?

$$a + a + d(x-1) = 2a + d(x-1)$$

음… x 쌍이요?

맞습니다. 그래서 $2a+d(x-1)$에 x를 곱한 다음 2로 나누면 등차수열의 합을 구할 수 있습니다.

$$\frac{\{2a+d(x-1)\}x}{2}$$

이것이 등차수열의 합의 공식입니다. 그런데 이런 건 외우지 않아도 돼요. 학교에서는 이걸 몇 시간이나 들여 가르치기 때문에 학생들이 나가떨어지지요.
원래 **대수는 문자로 거침없이 변환하는 게 특징**이기는 하지만, 익숙하지 않은 사람에게 갑자기 문자와 공식을 들이대면 어디 따라갈 수가 있겠습니까? 그런데 가우스의 이야기는 초등학생도 이해할 수 있지요.

수포자 어른도 확실히 이해가 됐어요.

그렇지요. 뒤집어서 위와 아래를 더하면 합이 전부 같다는 사실을 알면 되는 겁니다. 문자나 공식은 알 필요가 없어요.

진작 알았더라면… (흑흑) 쓸데없이 먼 길을 돌아온 기분이에요.

이제라도 빠른 길을 가면 되지요. 오늘부터는 김수포 씨도 어떤 등차수열이든 자유자재로 더할 수 있게 된 겁니다.

무진장 뿌듯합니다!

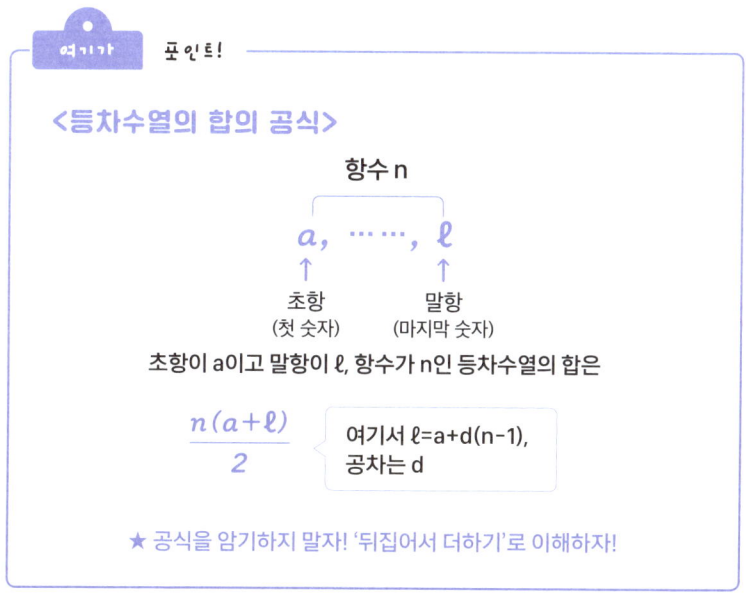

✅ 함부로 약속하면 안 되는 이유

 이번에는 등비수열을 살펴보겠습니다. 양옆에 있는 숫자의 비율이 같은 패턴이지요. 여기서도 제가 좋아하는 이야기가 하나 등장합니다.

아주 오래전 절친한 두 사람이 있었습니다. 한 친구는 당장 끼니를 걱정해야 할 정도로 가난한 김 씨고 다른 한 친구는 마을에서 제일 부유한 이 씨였죠. 그러던 어느 날 냇가에 빠져 하마터면 큰일이 날 뻔한 이 씨를 김 씨가 구해 주게 되었어요. 이에 이 씨가 김 씨에게 이렇게 말합니다.

"자네 덕분에 목숨을 건졌구만. 필요한 게 있다면 뭐든 말만 하게."
그러자 김 씨가 이렇게 말합니다.
"상은 무슨. 친구 사이에 가당치도 않네. 그리 원한다면 쌀알 하나면 되네."

 정말 겸손하군요!

 그렇죠? 이 씨도 깜짝 놀라 이렇게 말합니다.

"정말 쌀알 하나면 된다는 말인가?"
"그렇네. 다만 다음날은 그 2배를 주게. 그리고 그다음 날은 그 2배, 그다음 날은 또 그 2배. 그렇게 31일만 주면 되네."
이 씨는 대수롭지 않게 생각하고는 대답하지요.
"좋소, 받아들이겠네."

 다음날은 2알, 셋째 날은 4알… 매일 2배씩 늘어나는 걸 31일 동안 한다는 뜻인가요?

 그렇습니다. 그럼 질문 나갑니다. 김 씨가 한 달 후에 받을 쌀알은 총 얼마일까요?

음… (에라 모르겠다) 뭐 한 100만 알쯤 되지 않을까요?

 아쉽군요. 약 21억 알입니다. 쌀 800섬 정도 되지요.

 히이이이익!! 김 씨 입장에서는 머리를 잘 썼군요!

 그렇습니다. 수학 지식은 돈이 됩니다. 하하. 반대로 이 계산 방법을 모르면 이 씨처럼 후회할 수도 있죠.

 돈이라… 이것도 등차수열의 합인가요?

 아쉽게 등차수열에서 했던 '뒤집어서 더하기'는 먹히지 않습니다. 하지만 등비수열에 답이 있지요. 궁금한가요?

 (냉큼) 궁금합니다!

✅ 등비수열은 '곱하고 옮겨서 빼기'

 그럼 본격적으로 등비수열을 시작해 볼까요? 바로 본론으로 들어가지요. 1, 2, 4, 8, 16이라는 등비수열의 합을 구해 보겠습니다.

$$1+2+4+8+16 은 몇일까?$$

 우선은 뒤집어서 더하기는 먹히지 않는다는 걸 확인해 보세요. 힌트를 드리자면 모르는 숫자는 x로 놓는다입니다.

 이번에는 수열의 합을 구하나요?

 그렇습니다. 그걸 모르는 거지요. 그러니 답에 x를 두면 $x = 1+2+4+8+16$이라는 식이 성립됩니다.

$$x = 1 + 2 + 4 + 8 + 16$$
↑
모르는 부분은 x로 놓는다.

 여기서부터가 중요합니다. 이 식을 보고 '양변에 2를 곱하면 어떻게 될까?'라는 생각을 한 사람이 있습니다. 실제로 2를 곱하면 이렇게 됩니다.

$$x = 1 + 2 + 4 + 8 + 16$$
$$2x = 2 + 4 + 8 + 16 + 32 \leftarrow \text{양변에 2를 곱한 결과}$$

(다급)자, 잠깐만요. 양변에 곱하는 그 2라는 숫자는 대체 어디서 온 겁니까?

이 수열의 공비입니다. 등비수열에서는 반복되는 곱셈의 값을 공비라고 하는데 수학에서는 흔히 r로 표현하지요. 여기서는 공비가 2니까 시험 삼아 식 전체에 2를 곱해 보려고 합니다. 혹시 위와 아래의 식을 보고 발견한 게 있나요?(기대)

음… 전혀…

그렇다면 아래 식을 쓰는 위치를 살짝 오른쪽으로 옮겨 볼게요.

$$x = 1 + 2 + 4 + 8 + 16$$
$$2x = 2 + 4 + 8 + 16 + 32$$

어때요, 이제 뭔가 보이나요?

어라? 1과 32를 제외한 다른 수들이 같아요!

$x=$의 해답을 알아야 하니까 이번에는 위아래 식을 바꿔서 빼 볼게요.

$$
\begin{array}{r}
2x = 2+4+8+16+32 \\
-)\ \ x = 1+2+4+8+16 \\
\hline
x = -1 +32 \\
x = 31
\end{array}
$$

(흥분) 어때요? 놀랍지 않나요? 긴 수열의 중간 부분이 완전히 사라집니다!

게다가 알아서 $x=$만 남네요!

맞습니다. 다시 말하면 $1+2+4+8+16$이라는 등비수열의 합은 $-1+32$이므로 31이지요. 이게 답입니다. 단번에 풀 수 있지요.

대체 무슨 마법을 부리신 거예요?!

하하. 간단합니다. 곱하고 옮겨서 빼기 이것만 기억하세요. 김수포 씨가 꺼려하는 수학 느낌이 나도록 말해 보면 수열의 마지막 값(여기서는 16)을 공비만큼 곱한 다음(여기서는 2배) 초항(여기서는 1)을 뺀 값이 등비수열의 합입니다. 이것만 외워 두면 쌀알을 매일 2배로 주든 4배로 주든 함부로 약속해도 됩니다.

이건 노벨상급 발견이네요. 노벨 평화상 말이죠. 제 마음에 평화가 찾아왔어요.

(방긋) 이렇게 수열은 끝났습니다. 등차와 등비를 끝냈군요.

등비수열의 합의 공식 이끌어 내기

 흠… 공식은 외우지 말라고 하셨지만, 교과 과정에 뼛속까지 세뇌가 된 건지 이 질문을 안 드릴 수가 없군요. 등비수열에도 공식이 있나요?

 물론 있습니다. 꼭 알 필요는 없지만, 혹시나 앞으로 고등 수학 교과서를 볼 때 머리가 지끈거리지 않도록 그럼 간단하게 공식 도출하는 방법을 알려드리지요. 초항은 등차수열과 마찬가지로 a, 공비는 r로 두겠습니다.

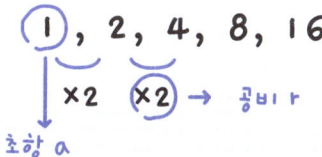

 수열의 합은 S라고 쓸 때가 많아요. 합을 뜻하는 'Sum'의 약자입니다. 물론 y로 둬도 되지만 새로운 기호에 조금씩 익숙해집시다. 먼저 x번째 항, 다시 말해 일반항의 식은 다음 식처럼 나타냅니다. 이해를 돕기 위해 반복하는 횟수는 등차수열이나 등비수열이나 모두 똑같이 x로 두겠습니다.

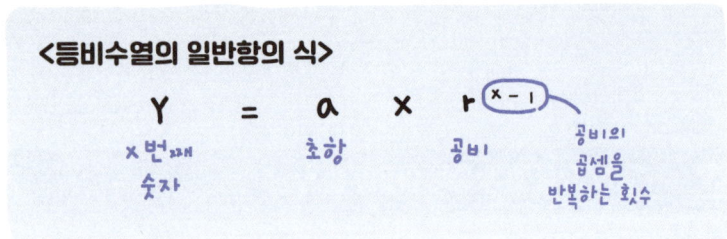

r^{x-1}은 r^2이나 r^3 같은 건가요?

$a\times r\times r$이나 $a\times r\times r\times r$이라고 쓰면 r의 곱셈을 x번 반복한다고 표현할 수 없습니다.

네? $a\times r\times x$라고 쓰면 안 되나요?

그렇게 쓰면 의미가 달라져요. 예를 들어 3^2는 $3\times 3=9$지만 $3\times 2=6$이지 않습니까?

아… 그렇구나. 왠지 당연한 걸 물은 거 같아 낯뜨겁네요. (부끄)

아닙니다. 의문을 가진다는 건 좋은 거지요. 숫자 오른쪽 위의 숫자를 지수라고 합니다. 고등 수학에서는 밥 먹듯이 나올 테니 지금 언급된 게 좋은 타이밍이군요. 초항은 $x=1$이므로 r^0입니다.

저기… 교수님. r^0이 뭔가요?

간단하게 설명하자면 어떤 수든지 0제곱을 하면 1이 된다는 뜻입니다. 자세히 다루는 건 뒤에서 하고 이 정도로만 알고 넘어갈까요?

네!

자, 다시 본론으로 돌아가 등비수열의 합을 구하는 식은 이렇게 쓸 수 있겠지요.

<등비수열의 합>

$$S = a + ar + ar^2 + ar^3 + \cdots + ar^{x-1}$$

그럼 이 식에서 작자 미상의 천재가 생각해낸 방법으로 합의 공식을 도출해 보겠습니다. 다시 한번 상기하자면 곱해서 이동하고 빼기가 중요합니다.

$$S = a + ar + ar^2 + ar^3 + \cdots + ar^{x-1}$$
$$rS = ar + ar^2 + ar^3 + \cdots + ar^{x-1} + ar^x$$

↑ 양변에 공비 r을 곱한 다음 오른쪽으로 한 칸 이동한다.

$$rS = ar + ar^2 + ar^3 + \cdots + ar^{x-1} + ar^x$$
$$-)\ S = a + ar + ar^2 + ar^3 + \cdots + ar^{x-1}\quad ← 뺀다.$$

$$rS - S = -a + ar^x$$
$$rS - S = ar^x - a$$

여기까지 이해가 됐나요?

음… 두 번째 줄에서 ar^x가 왜 나오는지 잘…

아, 그렇군요. ar^{x-1}이라는 건 바꿔 말하면 $a \times r \times r \cdots$에서 $\times r$이 $x-1$회 이어진다는 뜻입니다. 거기에 r을 1번 더 곱한다는 뜻이니까 $\times r$이 1회 늘어난다는 뜻이에요. 그래서 x제곱이죠. 이런 지수 계산은 뒤에서 또 나오니까 지금 당장 이해가 되지 않아도 괜찮아요.

그럼 내일의 제가 이해할 테니 오늘은 가뿐하게 넘기겠습니다. (해맑)

하하. 좋아요. 그럼 마지막으로 $rS-S=-a+ar^x$이라는 식을 살짝 변형해서 S=이라는 식이 되도록 만들어 볼까요?

S…?(멍) 아, 지금 공식을 이끌어 내고 있었군요.

왼쪽 변은 S가 공통으로 들어가 있으니까 S로 묶을 수 있습니다. 오른쪽 변은 a가 공통으로 들어가 있으니까 a로 묶을 수 있겠군요. 이건 중학 과정에서 했던 인수분해입니다.

$$rS - S = ar^x - a$$
$$(r-1)S = (r^x - 1)a$$
$$S = \frac{(r^x - 1)a}{r - 1}$$

마지막으로 양변을 $(r-1)$로 나눠서 왼쪽 변에 S만 남깁니다. 이 식이 바로 교과서에서 등장한 등비수열의 합의 공식이지요. 아! 또 다른 공식도 있습니다. 분모와 분자 모두 -1을 곱한 식도 자주 사용하지요.

〈등비수열의 합의 공식〉

$$S = \frac{a(1 - r^x)}{1 - r}$$

어찌저찌 공식이 나오긴 나왔네요.

 단, r은 1이 아니어야 합니다. r이 1일 때는 모든 항이 같아서 합이 $a+a+a+\cdots$가 되기 때문에 공차가 0인 등차수열이 되어 공식이 필요 없지요. 김 씨와 이 씨의 매일 2배씩 늘어나는 쌀알 이야기를 적용해 보면 초항인 a는 1이지요. 분모인 $(r-1)$은 $(2-1)$이므로 1. 다시 말해 계산이 필요한 부분은 (r^x-1)뿐입니다. 여기서 x는 1개월이 31일이니까 31입니다. 따라서 정답은 2^{31}이지요.

 오오~ 외워야… 아, 아니지. 외울 필요가 없다고 하셨죠.

 그렇지요. 이해를 했다면 외울 필요가 없습니다. 물론 저도 아예 외우지 않았습니다. 지금 설명하다가 그냥 나온 것이지요.

 곱하고 이동해서 빼기만 외우면 된다는 거죠?

 맞습니다. 자, 이렇게 데이터 다루기를 위한 3대 아이템 중 하나인 '수열 더하기'를 얻었군요.

<등비수열의 합의 공식>

초항이 a, 공비가 r(단, $r\neq1$), 항수가 n인 등비수열의 합은

$$\frac{a(1-r^n)}{1-r}$$

★ 통째로 암기하지 말자! '곱하고 이동해서 빼기'로 외우자!

✔ 수열을 다룰 때 쓰는 기호 알아 두기!

 자, 여기서 다음 이야기로 넘어가기 전에 수열을 다룰 때 알아 두면 좋은 기호들을 보충해 볼까요?

 아… 보충은 괜찮은데…

 알아 두면 유용하니 조금만 더 힘내서 들어보세요. 앞으로 다른 아이템을 획득할 때도 꼭 쓰는 것들이거든요. 이건 수학이라기보다는 외국어라고 생각하면 됩니다. 일종의 문법이니까요.

 그렇게까지 말씀하시니 문과로서 좀 혹하는걸요.

 먼저 수열의 합부터 얘기해 보겠습니다. 앞에서는 S와 1+2+3+⋯ +100과 같이 표기했었는데요. 사실 이걸 좀 더 간단하게 표기할 수 있습니다. 그리스 문자인 Σ(시그마)를 사용한다면 말이지요.

 시그마라고 부르는군요. 저는 오랫동안 M을 옆으로 눕힌 거라고 생각했는데…

 Σ는 영어 알파벳 S를 그리스어 대문자로 표기한 것뿐입니다. 저도 얼마 전에 그리스에 갔다가 간판이든 표지판이든 여기저기 Σ가 보여서 낯설었어요. 그리스에선 그저 흔히 쓰이는 철자 중 하나에 불과하지요. 그러니 지레 어렵게 생각할 필요 없습니다. 수식에서 Σ를 발견하면 '등차수열이나 등비수열의 합을 말하는구나' 하고 생각하면 됩니다.

 한국어로 치면 ㄱ, ㄴ 같은 거였군요. 괜히 뭔가 복잡한 수학적 장치가 숨어 있을 거라 생각했네요. 그럼 수학에서 Σ는 어떻게 쓰나요?

Σ라는 문자의 위아래와 오른쪽에 수열의 구체적인 정보를 추가하는 겁니다. 예를 들면 가우스가 풀었던 1, 2, 3 … 100이라는 수열의 합을 Σ로 표현하면 이렇습니다.

$$\text{등차수열 '1, 2, 3 … 100'의 합}$$

$$\sum_{k=1}^{100} k$$

 …이게 뭔가요.

 외국어입니다.

 갑자기 k가 나오면 어쩌란 말씀…

 k는 몇 번째인지를 나타내는 숫자, 즉 변수입니다. 사실 k가 아니라 m이든 p든 상관없습니다. 단, 변숫값은 반드시 1씩 늘어나야 합니다. 그런 규칙이 있어요.

 …네?

 하하. 단번에 이해하기 쉽지 않은 낯선 개념이지요. 조금만 더 설명할게요. k의 변화 범위를 나타내는 것이 Σ의 위아래에 있는 숫자입니다. 아래의 k=1은 'k는 1부터 시작한다'는 뜻이고 위의 100은 'k는 100에서 끝난다'는 뜻입니다. 이를 흔히 시점과 종점이라고 합니다. 예로 가우스의 수열에서 k의 시점은 1이고 종점은 100이지요. 이 씨와 김 씨의 늘어나는 쌀알 수열에서는 시점이 1이고 종점은 31입니다.

31? 수열의 첫 숫자와 마지막 숫자 아니었나요?

 이 부분이 헷갈리기 쉬운데, 아닙니다. 변수란 어디까지나 몇 번째인지 나타내는 숫자입니다. 가우스의 등차수열을 예로 들자면 k의 값과 수열에 든 값이 우연히 같았을 뿐이에요.

 (생각 중)…아! 그렇구나! '변숫값은 1씩 늘어난다'고 해서 혼란스러웠는데 3.6번째 이런 건 없으니까 그러네요. 1씩 늘어날 수밖에 없군요.

 그렇습니다! 그리고 Σ의 오른쪽에는 '수열의 규칙성'을 나타내는 식을 씁니다. 이 식은 구면이지요.

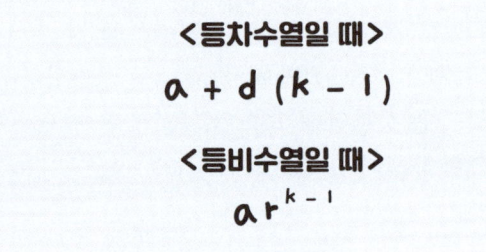

<등차수열일 때>
$a + d(k-1)$

<등비수열일 때>
ar^{k-1}

 아, 일반항인가? k번째에 오는 숫자를 식으로 나타낸 것 말이에요.

 맞습니다! 가우스의 등차수열에서는 초항 a와 공차 d가 모두 1이니까 대입하면 $1+1(k-1)$이 되고 k만 남게 되지요.

<시그마 기호로 수열 합 표기>

수열 $a_1, a_2 \cdots a_n$의 합을 Σ(시그마)로 나타내면 다음과 같다.

$$\sum_{i=1}^{n} a_i$$

a_i는 그 수열의 일반항을 말한다. i에 들어갈 숫자를 1부터 n까지 하나씩 바꾼 다음 모두 더하라는 뜻이다.

 엥? 그렇다면 Σ가 두 종류라는 말씀…

 아닙니다! Σ는 이 수열의 합이라는 뜻 외엔 없습니다. 수열이 등차수열과 등비수열로 두 종류가 있는 거지요.

 아~ 그럼 이 씨와 김 씨의 늘어나는 쌀알 수열은 어떻게 표기하나요?

 일반항은 $1 \times 2^{k-1}$이니 이렇게 표기할 수 있겠네요.

초항 1, 공비 2, 항수 31인 등비수열의 합

$$\sum_{k=1}^{31} 2^{k-1}$$

음… k가 몇 번째인지를 나타내는 변수라고 하셨죠? 그러면 첫날을 나타내는 k는 1. 그러면 2^{1-1}이니까 첫날은 1이고 둘째 날은 2, 셋째 날은…

 자, 잠깐만요. 혹시 2^{k-1}에 일수를 대입하면 수열의 합을 계산할 수 있다고 생각하는 건가요?

 네. 뭔가 문제가 있나요?(당당)

 허허. 문제가 되지요. 2^{k-1}은 일반항이니까 'k번째 날에 받을 수 있는 쌀알 수'를 나타냅니다. 'k번째 날까지 받은 쌀알의 합계'를 말하는 게 아닙니다.

 아! 그렇구나!

 Σ는 수열의 합을 나타내는 기호지 공식이 아닙니다. 이걸 아무리 뚫어져라 봐도 합이 나오진 않아요. 이건 어디까지나 전 세계 누가 봐도 이해하기 위해 약속한 기호일 뿐입니다. 수열의 합을 계산하려면 앞서 배운 '곱하고 이동해서 빼기'를 해야 합니다.

 …방금 제가 한 말은 원고 쓰실 때 편집해 주세요.(작은 목소리로)

 괜찮아요. 아마 비슷하게 착각하는 분들이 많이 계실 겁니다. 특히 대수는 문자가 많으니까 괜히 주눅 들기 쉬운데 그저 의미를 나타내는 기호일 뿐이라고 생각하세요. 표지판 같은 거지요.

 표지판이면 좀 더 쉽게 표기하면 되지 왜 굳이 이렇게 어렵게…(궁시렁)

 '수열의 합'을 간략하게 표기할 수 있기 때문이지요.

간략하게요?

 가령 복잡한 계산에서 수열의 합을 반드시 다뤄야 할 때 그 많은 숫자를 +로 잇고 잇는다면 길고 불편하지 않을까요?

 아아⋯ 숫자가 많으면 식이 끝도 없이 늘어나겠군요.

 그렇습니다. 합끼리 곱하기도 하지요. 반대로 말하면 눈앞에 수열이 하나 있을 때는 굳이 그 합을 구하려고 Σ를 쓸 필요가 없다는 것입니다.
합 이야기가 나와서 말인데 수학의 세계에는 똑같이 합을 뜻하지만 S를 세로로 길게 늘인 모양의 기호도 있습니다. 바로 적분 기호, 인테그랄입니다. 나중에 한 번 더 언급하겠지만 인테그랄은 한없이 작게 분할한 것을 더했을 때의 합을 뜻하는데 수열의 합을 나타내는 Σ도, 인테그랄도 합계를 뜻하는 SUM의 머리글자, S입니다.

이런 겁니다~

수열의 합 Σ
적분 ∫

모두 SUM(합)의 S를
뜻한다!

 윽⋯ 하나로 통일할 수는 없나요?

 뜻이 조금 달라요. Σ는 수열을 다루기 때문에 변수가 1씩만 늘어났지요? 반면 적분은 변수를 한없이 작게 분할해서 더한다는 차이가 있지요.

그럼 적분에서는 '3.6번째'라는 것도 다룰 수 있나요?

 네. 이 차이도 알아 두면 편리합니다.

 오호! 선생님도 평소에 Σ를 자주 쓰시나요?

 식을 세울 때 씁니다. 하지만 계산할 때는 엑셀에 맡겨요. 실은 수열의 덧셈도 엑셀이나 계산기에 맡기면 됩니다.
하지만 본인이 기계나 프로그램에 무슨 일을 시키고 있는지 정확히 파악하고 있는 건 중요합니다. 그걸 아느냐 모르느냐에 따라 아주 큰 차이가 있지요. 게다가 데이터 해석이나 통계 입문서에선 시작부터 Σ가 등장하니 분야를 확장하기 위해서도 알아 두면 좋습니다.

 그렇군요. 왠지 Σ를 시그마라고 읽을 수 있게 됐을 뿐인데 똑똑해진 느낌이 들어요.

 자, 이렇게 더하는 방법과 Σ에 대한 설명도 다 했으니 수열은 이렇게 마치도록 하지요.

 벌써요? 이제 이렇게 끝나는 데 익숙해질 때도 됐는데…

 하하. 아마 학교에서는 이 과정을 3~4개월에 걸쳐서 가르칠 겁니다. 복잡한 공식을 무작정 외우는 게 중요하지 않다는 것만은 꼭 알아 가세요.

등차수열은 뒤집어서 더하기!
등비수열은 곱하고 이동해서 빼기!

패턴 세기

2일째 3교시

데이터 다루기의 필수 요소 3가지 중 '패턴 세기'를 끝장내 보겠습니다.
핵심은 '계승 → 순열 → 조합' 순서로 계산 방법을 이해하는 겁니다.

✔ 경마로 순열과 조합 이해하기

 그럼 데이터 다루기라는 끝판왕을 쓰러뜨릴 두 번째 아이템, 패턴 세기를 공부해 볼까요? 청소년 열람 불가 책답게 경마를 예로 들어 설명해 보겠습니다. 경주에서 A, B, C, D, E라는 5마리 말이 달리게 되었습니다. 이 5마리 중에서 1, 2등을 할 것 같은 말을 예측해야 한다고 가정해 보죠. 만약 몇 번 말이 1등을 할지 2등을 할지 관계없이 1, 2등 할 것 같은 말을 2마리 골라야 한다면 어떨까요?

 오~ 어느 쪽이 1등이 되든 상관없이 1, 2등 안에 들 것 같은 말을 2마리 고르면 된다는 거죠? 확률이 꽤 높아 보이는걸요.

 그렇죠? 이것이 수학에선 조합에 해당되지요. 그런데 만약 1, 2등이 될 말을 2마리 고르는데, 어느 말이 1, 2등을 할지까지 맞혀야 한다면 어떨까요?

그런 극악의 확률 게임은 하지 않을 겁니다.(단호)

 하하. 이것은 수학의 순열에 해당됩니다.

<순열과 조합의 차이>

조합 → n개에서 k개를 선택할 때의 패턴 수

순열 → n개에서 k개를 선택해서 일렬로
　　　줄 세웠을 때의 패턴 수

 아하~ 그러니까 말 A와 B가 될 거 같아서 A를 1등, B를 2등으로 꼽았는데 B가 1등, A가 2등을 해버리면 아무 소용이 없는 거군요. 간발의 차인데 인정해 주진 않겠죠…?

 울고불고 매달려도 소용없겠지요.

 그럼 순열 쪽이 예측하기가 더 어렵네요.

 네. 패턴이 많으니까요. 물론 모든 패턴을 파악하면 그중에 하나는 반드시 적중하겠지만, 비효율적이지 않습니까? 그 많은 걸 일일이 구하려면 끝이 안 보이겠지요. 그래서 '몇 가지 패턴이 있는가'를 재빠르게 계산할 필요가 생긴 겁니다.

 바로 그겁니다!

 네? 뭐가…

 수학을 일상생활에서도 쓸 수 있을 것 같은데 막상 그런 상황이 닥치면 하나도 기억이 안 나요. 아니 애초에 여기에 수학을 써먹어 볼까 하는 생각조차 안 나요…

 그래서 거인의 어깨에 올라타는 게 중요합니다.

 아! 선구자들이 만들어 둔 편리한 공식을 쓰는 거군요.

✔ ①단계 - 계승 계산하기

 여기서 그 공식을 알아볼 텐데요. 아주 간단합니다. 먼저 5마리 말이 1등부터 5등이 될 모든 패턴을 계산해 보겠습니다.

 네! 그렇다면 펜과 종이를 먼저…

 하하. 물론 열심히 다 적으면서 찾는 것도 방법이겠지만, 그렇게 하면 손목도 아플 테고 한두 개는 빠뜨릴 수 있어요. 바로 이때 그래서 눈이 휘둥그레지는 아이템 ! (느낌표)가 등장합니다.

 …네? 진심이세요?

하하. 농담이 아닙니다. 실제로 쓰는 기호입니다. !를 가리켜 계승이라고 하지요. 표기법도 농담처럼 간단합니다. 5마리 말의 도착 순서 패턴에 대한 답은 5!이라고 나타낼 수 있습니다.

왠지 세게 읽어야 할 것 같은 느낌이 드네요. '오!' 이렇게요.

정확히는 5의 계승이라고 읽습니다.

오! 어떻게 계산하나요?

5!은 5×4×3×2×1이라는 뜻입니다. 5부터 시작해서 1이 될 때까지 1씩 숫자를 줄이면서 그 숫자들을 전부 다 곱하는 겁니다.

$$5! = 5 \times 4 \times 3 \times 2 \times 1 = 120$$

정답은 120이군요.

정말 농담처럼 들릴 정도로 간단하네요… 하나씩 적었더라면 하루 종일 걸렸을 텐데. 그럼 6마리가 출전하는 경주는 6!이니까 6×5×4×3×2×1이겠네요. 5!이 120이니까 거기에 6을 곱하면… 720!

<계승>

n!(n의 계승)이란 1부터 n 사이에 있는 모든 정수의 곱을 말한다.
예: 3!=3×2×1=6

훌륭합니다! 그리고 0!은 1이라는 규칙이 있으니 그것도 기억해 주세요.

0!은 1이구나. 그런데 말이 18마리, 그러니까 패턴이 18가지나 되면 곱셈하기도 힘들지 않나요?

이때 누구나 손에 쥐고 있는 함수 계산기를 쓰면 되지요.

엥? 전 함수 계산기가 없는데요. 누구나 들고 다니는 거였다니… 나만 없었던 건가…

하하. 스마트폰 말입니다. 김수포 씨는 아이폰 유저였죠? <화면 회전 고정>을 해제하고 iOS 표준 계산기 앱을 실행한 다음 가로로 돌려 보세요.

오! 이거 말이군요. 가로로 돌렸더니 버튼이 잔뜩 늘어났습니다!

네. 함수 계산기에 $<x!>$이라는 버튼이 있지요.

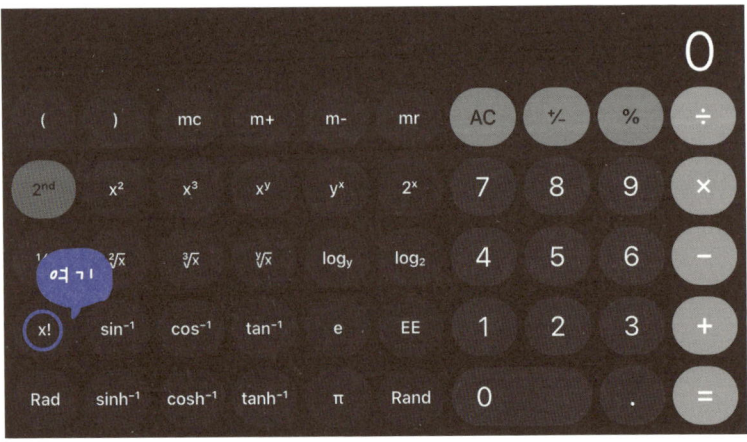

아… 이 버튼의 존재를 방금 처음 알았네요.

 18을 입력하고 $<x!>$을 눌러 보세요.

 아니! 6,402,373,705,728,000?! 자, 자릿수 셀 마음도 안 드는데요.

 엑셀로도 계산할 수 있어요. 엑셀에서는 FACT 함수라는 걸 쓰는데 =FACT(18) 이런 식으로 계승할 값을 괄호 안에 쓰거나 또는 셀에 있는 값을 계승할 거라면 셀 번호를 넣는 것도 가능합니다. 예를 들어 셀 A1에 있는 값을 계승할 거라면 =FACT(A1) 이런 식으로 말입니다.

〈엑셀에서 계승 계산하기〉

=FACT(계승할 값)
　예 : =FACT(18)

또는

=FACT(계승할 값이 들어 있는 셀 번호)
　예 : =FACT(A1)

 마침 컴퓨터가 있으니 잠깐 해볼게요. 셀에 =FACT(18)을 입력하면… 응? 6.40237E+15가 나오는데요. 웬 문자가 나오지? 숫자가 너무 커서 오류가 났나…

 하하. E는 에러가 아닙니다. 엑셀에서는 15자리까지만 표시되기 때문이지요. 즉, E+15라는 건 10^{15}(10의 15제곱)을 말하므로 6.40237×10^{15}라는 뜻입니다.

엇? 그러고 보니 6 뒤에 있는 게 자릿수를 나누는 쉼표가 아니라 마침표네요.

 네. 이 말인즉슨, 6을 포함하면 16자리 숫자라는 뜻입니다. 아이폰을 세로로 놓고 계산해도 똑같이 표기될 겁니다.

 미처 몰랐네요. 이렇게 큰 값을 계산할 일이 없어서…

 E를 읽을 줄 알면 편리해요. 예를 들자면 이런 식이지요.

$$1E + 2 = 1 \times 10^2 = 100$$
$$3E + 3 = 3 \times 10^3 = 3000$$
$$5.5555E + 4 = 5.5555 \times 10^4 = 55555$$

 이렇듯 계승을 알면 모든 패턴을 세기가 간단하지요. 그런데…

 …그런데?

 왜 숫자를 하나씩 줄이면서 그 숫자들을 곱하면 모든 패턴을 셀 수 있는지 알고 싶지 않나요?

 전혀 궁금하지 않은데 궁금해야 할 거 같은 표정이시네요.

 (냉큼) 그럼 3!과 경마를 다시 예로 들어 볼까요? A, B, C라는 3마리 말의 도착 순서는 몇 가지 패턴이 있는지 알아볼게요. 먼저 1등은 어떤 말이 될까요? 몇 가지 경우가 있을까요?

A, B, C 중 한 마리일 테니 가능성은 3가지입니다!

 그렇습니다. 그럼 A라는 말이 1등이라고 가정했을 때 2등으로 도착할 말은 어떤 말일까요? 이건 몇 가지 경우가 있을까요?

 남은 말이 두 마리니까 2가지겠죠?

 맞습니다. 지금 머릿속으로 3-1이라는 뺄셈을 했을 텐데요. 그게 바로 핵심입니다. 조합을 셀 때 편리한 개념이지요. 먼저 영역을 3개로 나눕니다. 여기서는 1등 영역, 2등 영역, 3등 영역으로 나누면 좋겠지요? 그리고 각 영역에 몇 가지 경우가 있는지를 생각하면 선택할 수 있는 숫자가 하나씩 줄어듭니다. 모든 패턴 수는 그것들을 다 곱한 만큼 있다는 것이지요.

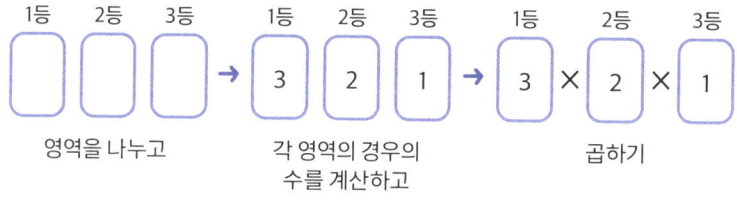

✔ ②단계 - 순열 계산하기

 계승 계산법은 잠시 밀어 두고 이번에는 순열을 계산해 보겠습니다. 5마리 말이 출전하는 경주에서 1등과 2등을 정확히 예측해야 한다면 몇 가지 패턴이 나올지 구해 보겠습니다.

 네!

여기서도 영역을 사용합니다. 계승에서는 말의 수만큼 영역을 나눴지만 이번에는 1등과 2등 영역만 생각하면 됩니다. 그러면 1등 영역에 들어갈 경우의 수는 몇 가지일까요?

 간단하네요. 말이 5마리니 5가지입니다. (우쭐)

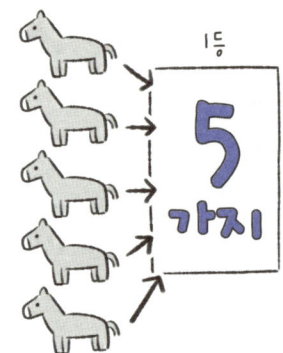

 정확합니다. 하하. 그럼 2등 영역에 들어갈 경우는 몇 가지가 있을까요?

 음… 선택지가 하나 줄어드니 4가지…?

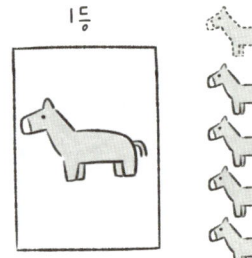 

 그렇습니다. 5×4=20(가지)이라는 답이 나오네요. 자, 순열은 이렇게 끝입니다!

 …네?

③단계 - 조합 계산하기

 이번에는 조합을 알아봅시다. 5마리의 말 중 1등, 2등을 할 말을 짝 짓는다면 몇 가지 조합이 나올 수 있을까요?

 음… 일일이 다 세는 방법밖에 떠오르지 않아요.

 사실 여기서는 순열을 사용해야겠다는 발상이 필요합니다. 조합을 구할 때는 순열 계산하기 이것이 핵심입니다.

 아~ 20가지… 그것 말인가요?

 네. A, B, C, D, E라는 5마리 말을 2마리씩 짝지어서 나오는 패턴이 총 20개라면 개중에 A-B도 있을 테고 B-A 아니면 C-D, D-C 등이 있겠지요. 즉, 짝은 같지만 순서가 다르면 다른 패턴으로 보는 겁니다. 그리고 지금은 1, 2등이 될 조합을 알고 싶은 거지요? 그렇다면…?(기대)

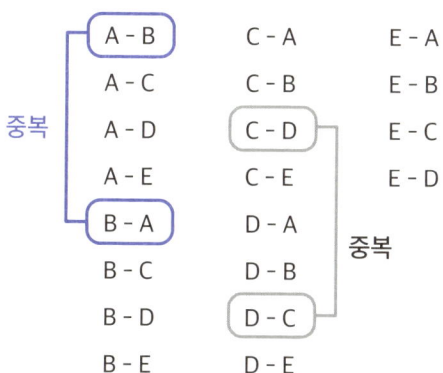

혹시… 20의 절반인가요?

 맞습니다! 20을 2로 나누니까 정답은 10! 정말 간단하지요?

 알고 나면 간단한데 또 다른 문제를 만나면 번뜩하고 떠오르지 않을 것 같아요.

 그럼 이걸 좀 더 응용해서 1등부터 3등까지 맞혀볼까요? 이번엔 김수포 씨 혼자 힘으로 해보세요.

 음… 1등, 2등, 3등의 영역을 먼저 준비하고… 각 영역에 몇 가지 경우가 있는지 쓰면… 1등은 5가지, 2등은 4가지, 3등은 3가지. 전부 곱하면… 60가지!

$$\underset{\text{가지}}{\boxed{\underset{1등}{5}}} \times \underset{\text{가지}}{\boxed{\underset{2등}{4}}} \times \underset{\text{가지}}{\boxed{\underset{3등}{3}}} = 60 \, (\text{가지})$$

 이제 이 60을… 2로 나누나요? 아닌 것 같은데. 어떻게 나눠야 하지?(당황)

 딱 예상한 곳에서 막혔군요. 앞서 1, 2등만 찾을 때는 A-B 아니면 B-A로 2개밖에 없었으니까 2로 나누면 됐는데 이번엔 A-B-C니 A-C-B도 있고 C-B-A도 있고 2개보단 많아졌겠지요?

 으음… 수학 머리가 좀 생겼다고 생각했는데 아닌가 보네요.

사실 헤매는 게 당연합니다. 방금 배운 내용이거든요. 간단하게 생각하면 A, B, C의 모든 순서 패턴을 구하기만 하면 됩니다.

 엇!(깨달음) 3!

 드디어 기억해냈군요. 맞습니다. 3×2×1이니까 6이지요. 60가지 중 중복되는 조합이 6가지라는 뜻입니다.

```
A - B - C
A - B - D
A - B - E
A - C - B
A - C - D
    ⋮
60가지
```

이 중
A, B, C로 이루어진 순열은
A - B - C
A - C - B
B - A - C } 6가지
B - C - A
C - A - B
C - B - A

 따라서 60을 3!으로 나누면 됩니다. 정답은 10이 되겠네요. 앞서 2로 나눈 것도 실제로는 2!으로 나눈 겁니다. 마침 2!이 2였던 것뿐이지요.

$$\frac{\boxed{5} \times \boxed{4} \times \boxed{3}}{3!} = \frac{60}{6} = 10(가지)$$

✓ 순열과 조합의 식 이해하기

그럼 지금까지 배운 내용을 수학 기호로 간단하게 정리해 볼까요? 경마에서 3마리 말이 출전하기도 하고 5마리 말이 출전하기도 했는데 이 마릿수를 수학에서는 n개라고 표기합니다. number의 n이지요. 5마리가 출전했으면 n=5가 됩니다.

이 문자 n은 데이터를 다룰 때 데이터의 총 개수라는 뜻으로 자주 나오니까 이참에 꼭 기억해 주세요.

총 개수는 n…이다…(끄적)

그리고 n개의 데이터를 재배열할 때 경우가 총 몇 가지인가를 나타낼 때는 n!이라고 씁니다.

엔!

하하. n의 계승이라고 읽어 주세요.

아차! n의 계승!

좋습니다. 그럼 순열로 넘어가 볼게요. n개의 데이터에서 k개를 골라 순열을 셀 때는 영역을 나눴지요. 가장 왼쪽 영역에는 n개의 데이터 중에 어떤 데이터가 들어가든 상관없으니 n가지 패턴이 있다고 표현할 수 있지요.

$$n$$
가지

오른쪽 옆 영역에서는 선택 대상이 하나 줄어들기 때문에 n-1가지 패턴이 들어갈 수 있습니다. 그럼 가장 오른쪽에 오는 영역은 식으로 나타내면 n-(k-1)가지가 되지요.

$$\boxed{n \text{가지}} \times \boxed{n-1 \text{가지}} \times \cdots\cdots \times \boxed{n-(k-1) \text{가지}}$$

$$= n \times (n-1) \times \cdots\cdots \times \{n-(k-1)\}$$

 k-1? 또 이상한 문자가…?

 여기에도 숫자를 넣으면 바로 알 수 있습니다. 5개의 데이터 중 3개를 고르는 순열에서는 가장 왼쪽 영역이 5입니다. 그 오른쪽 영역은 5-1이므로 4지요. 가장 오른쪽 영역은 5-2가 되니까 3이 들어갑니다.
5-2에서 2는 -1을 반복하는 횟수를 말합니다. 3개를 고른다고 해서 3번 반복하는 건 아니지요. 3보다 1 적은 2번. 그걸 의미하는 것이 바로 k-1입니다.

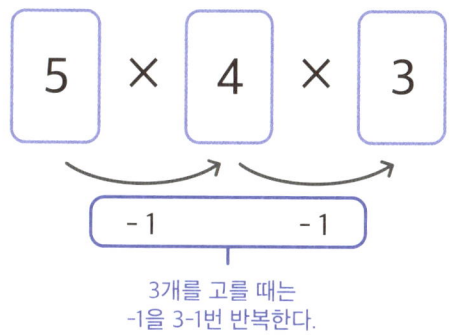

3개를 고를 때는
-1을 3-1번 반복한다.

아하! 이해했습니다. 그런데 가운데 줄임표가 거슬리네요.

 그럼 줄임표를 없애볼까요? $n \times (n-1) \times \cdots \times \{n-(k-1)\}$을 보면 n에서 시작하는 곱셈이 $n-(k-1)$에서 멈춰 있지요. 만약 이 식이 마지막까지 이어진다고 생각해 봅시다.

 마지막까지? 아! 계승처럼 1까지 말인가요?

 네. 그냥 $n!$이라고 하면 $n-(k-1)$의 오른쪽에 나오는 숫자는 $n-(k-1)$부터 또 1을 뺀 것이 되겠지요. 다시 말해 $n-(k-1)-1$이 됩니다. 이걸 전개하면 $n-k$입니다. 그 후에도 1씩 줄어들어서 마지막에는 1이 된다는 뜻이지요.

$$n \times (n-1) \times \cdots \times \{n-(k-1)\} \times \underline{(n-k) \times \cdots \times 1}$$

1이 될 때까지 곱셈이 이어진다고 가정한다.

 그리고 $n-(k-1)$의 오른쪽에서 반복하는 곱셈은 사실 $(n-k)!$입니다. $(n-k)$부터 시작해서 다음은 $(n-k)$보다 하나 작은 숫자를 곱하고 그다음 또 하나 작은 숫자를 곱하는 식으로 이어지거든요.

$$n \times (n-1) \times \cdots \times \{n-(k-1)\} \times \boxed{(n-k) \times \cdots \times 1}$$

$(n-k)!$이라고 생각할 수 있다.

 …무슨 말인지 하나도 모르겠는데요.

그럼 구체적인 숫자를 예로 들어 볼게요. 만약 18개의 데이터 중 3개를 고른 순열의 수를 알고 싶을 땐 18×17×16이라는 식을 세우면 됐지요. 이때 곱셈을 16에서 멈추지 않고 1이 될 때까지 계속 반복한다면 15×14×……×1까지 가겠지요? 여기까지는 이해가 되나요?

네!

이 15×14×……×1이라는 식을 15!이라고 쓸 수 있습니다.

$$18 \times 17 \times 16 \times \boxed{15 \times 14 \times \cdots \times 1}$$
$$\downarrow$$
$$15!$$

아, 그렇구나!

여기서 18×17×16은 18!이라는 계산식을 15!으로 나눈 것이라고 생각해야 합니다. 왜냐하면 18×17×……×1을 15×14×……×1로 나누면 15 이후에는 곱셈이 깔끔히 사라지고 18×17×16만 남거든요.

$$18 \times 17 \times 16 = \frac{18!}{15!} = \frac{18 \times 17 \times 16 \times \overline{15 \times 14 \times \cdots \times 1}}{15 \times 14 \times \cdots \times 1}$$

깔끔히 사라진다!

오~ 정말 시원하네요!

여기서 다시 n과 k의 세계로 돌아가면 18!은 n!이 되겠지요. 15!은 (n-k)!이 되겠고요. 그래서 순열을 식으로 나타내면 이렇게 됩니다.

순열을 세는 식 (n개의 데이터에서 k개를 고를 때)

$$\frac{n!}{(n-k)!}$$

이제 완벽히 이해가 됐어요!

다행이군요. 조합도 식으로 나타낼 수 있습니다. 순열의 식을 k!으로 나누기만 하면 끝이거든요.

✅ 순열과 조합의 표기는 P와 C

마지막으로 수학 기호를 보충하자면 순열은 P, 조합은 C로 표기합니다. 영어 Permutation과 Combination의 약자이지요. P와 C는 대문자를 쓰고 왼쪽의 n, 오른쪽의 k는 소문자를 씁니다.

$_nC_k = n$개에서 k개를 선택하는 조합의 수
$_nP_k = n$개에서 k개를 선택하는 순열의 수

NPK… 무슨 금융 기업 이름 같네요.

 하하. 앞에서 했던 순열의 합을 나타내는 Σ와 마찬가지로 그냥 기호일 뿐이지 공식은 아니니 이걸로 계산하려고 하시면 안 됩니다.

 (부끄)…이제 알아요.

✓ 순열과 조합으로 일정 짜기

 이제 어느 정도 이론은 이해가 되는데 말입니다. 중요한 건 써먹는 거겠죠?

 오~ 맞습니다. 순열과 조합은 아주 실용적이지요. 예를 들어 제가 편의점 점장이고 고용한 직원 10명 중 2명씩 스케줄을 짠다면 몇 가지 패턴으로 짤 수 있는가… 뭐 이런 것도 계산할 수 있으니까요.

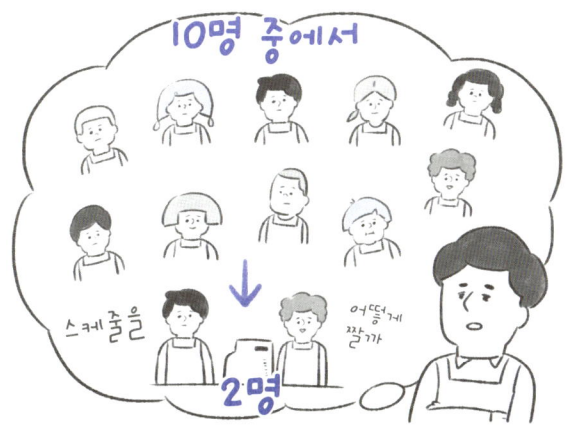

계산법은 간단합니다. 순서는 상관이 없으니 조합이지요. $_{10}C_2$를 계산하면 됩니다.

 오… 그렇다면 한번 계산기를…(주섬주섬)

 45가지입니다.

 네?(깜짝) 전 아직 아이폰 켜지도 않았는데요.

 식으로 따지면 $\frac{10!}{2!8!}$이네요. 여기서 10!을 8!으로 나누면 10×9만 남으니까 90. 그걸 다시 2!으로 나누면 45. 계산기를 두들길 만큼 복잡한 계산이 아니지요.

$$\frac{10!}{2!8!} = \frac{10 \times 9 \times 8 \times 7 \times \cdots \times 1}{2! \times 8 \times 7 \times \cdots \times 1}$$

$$= \frac{90}{2}$$

$$= 45$$

 아하~ 10!이나 8!을 계산하는 게 번거로울 거라 생각했는데 깔끔하게 사라지니까 굳이 계산하지 않아도 되는군요.

 그렇습니다.

 그렇다면 직원이 4명이고 업무가 3가지일 때 각 업무를 누구에게 맡길지, 업무 분담하는 방법은 몇 가지가 있을지 계산하는 것도 금방이겠군요.

네. 그건 순열일까요, 조합일까요?

 음… 순서를 정할 필요는 없으니 조합인 것 같습니다!

 아~ 50% 확률이었는데… 아쉽게도 순열입니다. 순서는 정하지 않지만 정확히 일을 분담해야 하니까 영역을 따져야 하지요.

 그럼 업무라는 영역을 3개 그리고 각 영역에 사람이 들어갈 경우의 수는 4가지, 3가지, 2가지니까… 총 24가지네요. 오오! 수학이 재밌어지려고 한다!

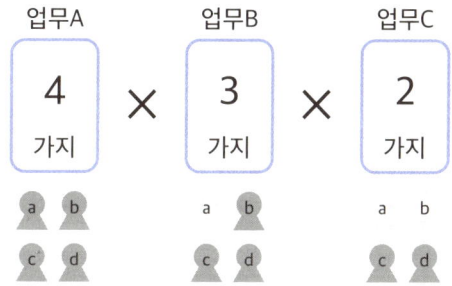

 이제 수학의 재미를 알기 시작했군요. 앞으로도 많이 활용하세요! 이렇게 '패턴 세기'를 위한 순열과 조합을 모두 마치겠습니다.

 **분산 정도 알아보기**

지금은 '빅데이터 시대'라고들 하죠? 데이터 분석에서 가장 많이 쓰는 개념을 꼽으라면 단연 '표준편차'입니다. 표준편차를 마스터하고 빅데이터 시대에 발맞추어 봅시다!

✓ 데이터 과학의 기본은 '데이터의 규칙성'을 찾아내는 것

 오늘 수업의 대미를 장식할 내용은 데이터의 규칙성입니다. 데이터를 다루기 위한 마지막 아이템이지요. 세상에 존재하는 대부분의 데이터는 분산되어 있습니다. 기온, 주가, 매출, 관객 수, 혈압 등 불규칙한 데이터도 다뤄야 하지요.

반대로 말하면 불규칙한 데이터의 규칙을 파악하는 건 신의 영역에 도달한 거나 마찬가지입니다. 수학의 세계에서도 최첨단 연구라 불리는 건 모조리 여기에 쏟아붓고 있지요. 전 세계 천재들이 '분산된 데이터를 어떻게 요리할까?'라는 주제를 두고 머리를 쓰고 있어요.

전 세계 천재들이…! 확실히 데이터가 중요한 시대에 살고 있다는 게 느껴지네요.

그렇지요? 분산된 데이터를 요리하는 방법의 기초 지식이 분산의 폭입니다. 문과 수학 과정에선 분산의 폭만 이해해도 충분합니다. 그것만으로도 데이터 과학으로 가는 문을 열게 되는 것이지요.

좋습니다! 각오는 되었습니다!

✔ 분산의 폭을 알기 위한 2단계

분산의 폭을 알기 위한 단계는 크게 2단계가 있습니다. 1단계는 '평균'을 알아보는 것입니다. 먼저 기준이 되는 정확한 값을 알아야겠지요. 대충 분산이 좀 크다, 작다고 표현할 수 있는 값은 데이터로 사용할 수 없습니다. 애초에 수식으로 나타낼 수가 없어요. 2단계는 1단계에서 구한 '평균에서 분산된 값의 평균'을 파악하는 것입니다.

분산의 평균이요?

예를 들면 기상 데이터를 모았더니 극단적으로 더운 날이 있었다고 가정해 볼게요. 그 정상적이지 않은 값만 보고 '분산의 폭이 넓다'는 결론을 내리면 어떻게 될까요?

음… 자칫하면 조만간 열대기후가 온다는 뉴스를 보게 될지도 모르겠네요. 그럴 리가 없는데 말이죠.

그래서 평균이 중요한 겁니다. 사실 '분산의 폭'의 세계는 상당히 깊어서 알아보는 방법도 여러 가지가 있습니다. 그 가운데에서도 아주 높은 신뢰도를 자랑하는 방법이 바로 표준편차지요. 실용성도 높아서 과거의 데이터로 미래를 예측해야 하는 업종에 종사하고 있다면 평소에 많이 쓸 겁니다.

또 한번 수학의 재미를 느끼게 되겠군요. 기대됩니다!

✓ 평균, 분산, 표준편차의 깊은 관계

그럼 간단한 평균부터 시작해 볼까요? 김수포 씨가 만약 편의점을 세 군데 경영하는 점주라고 가정해 보겠습니다.

제가 사장이라니 벌써 설레네요.

하하. 하루 매출을 계산했을 때 A점은 80만 원, B점은 60만 원, C점은 100만 원이라고 가정해 볼게요. 이때 세 점포에서 나온 매출의 평균을 계산하면 얼마일까요?

후후후. 이 정도는 뭐 식은 죽 먹기죠. 80만 원입니다! (우쭐)

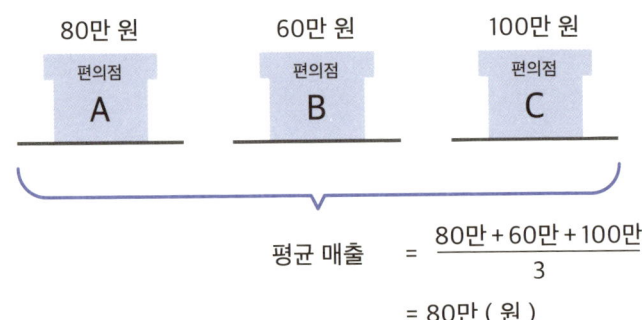

좋아요. 그리고 세 점포는 명백하게 매출이 분산되어 있지요. 다 같은 값이 아니니 당연한 말이지만. 통계에서는 '표준편차'를 표준으로 씁니다.

 …선생님, 못 따라가겠어요. 편차가 뭐예요?

 하하. 편차란 어긋난 것, 흔들리는 것, 치우친 것 뭐 그런 뜻입니다. 그런데 분산을 알려면 평균을 알아야 합니다. 평균이 기준이 되니까요.

 아하! 어떤 값이든 기준이 없으면 측정할 수가 없으니까요.

 그래서 점포 매출의 분산을 구하려면 먼저 평균을 알아봐야 합니다. 그리고 각 점포의 매출이 평균에서 얼마나 떨어져 있는지를 보는 겁니다. 예를 들어 A점은 80만 원이니까 평균값과의 차이는 0이지요. B점은 60만 원이니 -20, C점은 100만 원이니 +20입니다.

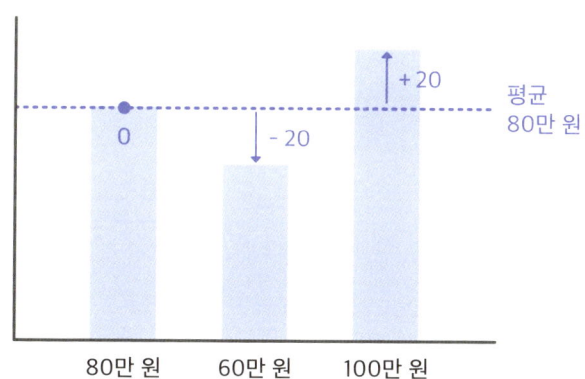

 왠지 모르겠지만 이 차이의 폭이 열쇠가 될 것 같네요.

벌써 감이 왔군요. A점의 0원, B점의 -20만 원, C점의 +20만 원을 더해서 3으로 나누면 어떻게 될까요?

$$\frac{0+(-20)+20}{3} = \frac{0}{3} = 0(원)$$

 응? 0원? 이의 있습니다!

 하하. 그렇습니다. 단순히 차이를 더해서 평균을 내면 플러스와 마이너스가 없어지기 때문에 분산이 없다는 결과가 나오고 말아요. 이건 정확하지 않지요. 그래서 많은 수학 천재들이 고민에 빠졌습니다. 플러스와 마이너스 때문에 분산이 0이 되는 건 이치에 맞지 않다는 거지요.

 그래서 어떻게 했나요?

 딱 잘라 말하면 부호를 떼는 겁니다. 왜냐하면 지금 알고 싶은 건 분산의 폭이니까요. 플러스건 마이너스건 상관없이 폭은 폭이지요. 아무튼 평균과 거리만 있으면 그건 폭에 해당하니까요. 여기가 표준편차를 이해할 때 가장 중요한 부분입니다.

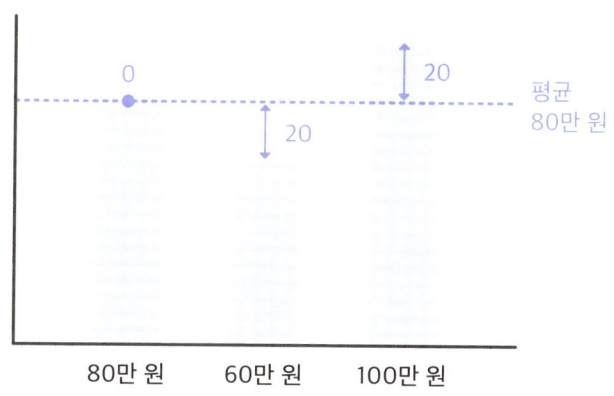

부호를 없애는 건 절댓값이었나요? 이상하게 이건 기억이 나네요.

대단한데요! 절댓값도 부호를 지우지요. 그런데 수학자들은 그렇게 하지 않았습니다. 분산의 값을 2제곱해서 부호가 사라지게 했습니다.

…네?

예를 들어 −3을 2제곱하면 9가 되지요. 다시 말해 어떤 수든 2제곱을 하면 부호가 사라집니다.

$$(-3)^2 = 3^2 = 9$$

2제곱하면 부호가 사라진다.
(플러스가 된다)

오, 그런 방법이!

2제곱한 수에 루트를 씌우면 부호만 깨끗하게 사라지지요. 다시 말해 $\sqrt{(-3)^2}$도 $\sqrt{3^2}$도 정답은 3입니다.

$$\sqrt{(-3)^2} = 3 \quad \text{2제곱해서 루트를 씌우면}$$
$$\sqrt{3^2} = 3 \quad \text{부호만 깔끔하게 사라진다.}$$

 수학 천재의 발상이라 그런지 남다르네요. 누가 생각했을까.

 이것도 가우스와 관련이 있습니다.

 또! 가우스 당신…

 교과 과정에서는 2제곱해서 루트를 씌우라는 방법만 등장하는데 이 과정을 알면 훨씬 받아들이기 쉬워지지요. 김수포 씨의 편의점으로 돌아가 볼까요? A점은 분산이 0이니까 0^2, B점은 $(-20)^2$, C점은 20^2입니다. 이걸 모두 더해서 3으로 나눈 다음 루트를 씌우면 끝입니다.

$$\sqrt{\frac{0^2 + (-20)^2 + 20^2}{3}} \fallingdotseq 16.3$$

결과는 약 16.3이 나옵니다. 이것이 분산된 값들의 평균 중 한 가지 답입니다. 20과 가까운 숫자가 나왔네요.

한 가지 답이요? 또 다른 답이 있나요?

네. 사실 아까 김수포 씨가 말씀하신 절댓값을 써서 계산하면 $\frac{(0+20+20)}{3}$ 이니까 13.333…이 됩니다. 20에서 더 떨어지지만요.

엇? 정말 그러네요? 답이 달라도 되나요?

그것도 분산된 값들의 평균 중 하나입니다. 사실 평균을 계산하는 법은 엄청 많아요. 제가 아는 것만 해도 10가지 정도는 있습니다.

그렇게나?!

네. 초등학생도 아는 방법이 데이터를 모두 더해서 데이터 수로 나누는 평균이지요. 이건 상가 평균이라고 하지요. 대부분 상가 평균으로 평균을 구하기 때문에 많은 사람이 '평균=더해서 나누기'라고 알고 있는데 수많은 평균 계산법 가운데 하나일 뿐이에요.

평균 계산법에 따라 이름도 있군요. 그럼 제가 말한 절댓값으로 평균을 구하는 것도 이름이 있나요?

물론이지요. 절댓값 평균이라고 합니다. 그 외에 $\frac{1}{80} + \frac{1}{60} + \frac{1}{100}$ 을 계산해서 역수를 취하는 조화 평균이나 n제곱 평균 같은 것도 있지요.

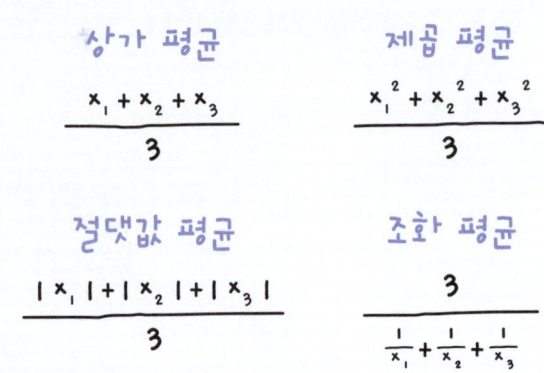

이렇게 여러 방법이 있는데 이 중에서도 2제곱을 한 합을 데이터 수로 나눠서 루트 씌우는 방법이 분산 정도를 가장 정확히 반영합니다. 이 2제곱한 합을 데이터 수로 나눠서 평균 내는 방법을 제곱 평균이라고 합니다.

왜 제곱 평균이 가장 정확한가요?

아, 이건 대학 3학년 과정이라 좀 복잡한데… 설명하자면…

괜찮습니다. (단호) 생각해 보니 그렇게 막 궁금하지도 않은 것 같아요.

하하. 그럼 그냥 상식이라고 생각해 주세요. 지금은 데이터가 3개밖에 없지만, 양이 많을 때는 제곱 평균이 분산을 더 잘 나타낼 수 있습니다.

그럼 그 제곱 평균으로 계산한 값이 표준편차인가요?

그건 분산이라고 합니다. 계산하면 266.7인데 거기서 루트를 계산한 값이 표준편차인 16.3이고 이것이 분산의 폭을 나타냅니다.

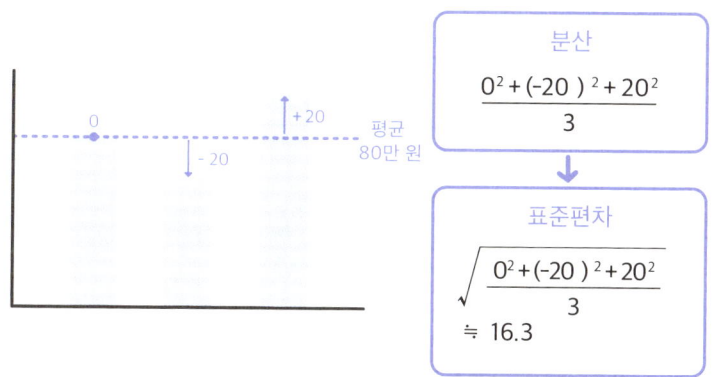

 응? 이, 이건…

 평균값에서 벗어난 값을 제곱해서 평균을 낸 것을 분산이라고 합니다. 그리고 분산에 루트를 씌운 것이 표준편차이지요. 개념만 알아 두면 되니 더 깊게 들어갈 필요는 없답니다.

 듣던 중 반가운 말씀이십니다.

✔ 평균, 분산, 표준편차를 표기하는 법

 이쯤에서 평균, 분산, 표준편차의 표기 방법을 가볍게 짚고 넘어갑시다. 표준편차는 그리스 문자, 시그마의 소문자인 σ로 나타냅니다.

 오! 이모티콘에서 본 적 있어요!

바로 그겁니다! 거기서 쓰이고 있었군요. (당황) 아무튼 분산에 루트를 씌운 것이 표준편차이니 바꿔 말하면 분산은 표준편차의 제곱입니다. 분산은 σ^2라고 쓰지요.

$$\text{표준편차} = \sigma \,(\text{시그마})$$
$$\text{분산} = \sigma^2$$
$$\downarrow$$
$$\sigma = \sqrt{\sigma^2} \quad \text{표준편차는 분산에 루트를 씌운 것}$$

 그리고 평균값은 x 위에 가로선을 더한 $\bar{x}$로 표기합니다. 엑스바라고 읽지요.

	기호	영어	엑셀 함수
평균값	$\bar{x}$	Average	AVERAGE
분산	σ^2	Variant	VAR.P
표준편차	σ	Standard Deviation	STDEV.P

 이번에도 마찬가지로 기호는 외울 수밖에 없겠죠?

 네. 특정 분야에서는 다들 표준편차라는 단위를 당연한 듯 쓰고 있는데 이것이 데이터를 비교할 때 표준이 됩니다. 예를 들면 분산을 없애는 게 중요한 제조 공장에서는 '분산을 2σ 이내로 줄여라'라는 표현을 종종 쓰기도 하지요.

 데이터를 비교하는 표준? 왜 그런가요?

이유는 간단하지요. 쓰기 편하니까요. 누군가 더 편한 방법을 찾는다면 그게 새로운 표준이 되겠지요.

제가 찾아보고 싶네요. 그런데 한 가지 질문이 있습니다!

물론이지요. 얼마든지 하세요.

좀 전에 표준편차는 각 데이터가 평균에서 벗어난 값을 제곱하고 더해서 데이터 수로 나눈 다음 마지막에 루트를 씌우는 것이라고 하셨는데 '데이터 수로 나누기'와 '루트 씌우기' 순서를 바꾸면 안 되나요? 아까 설명하실 때 3이라는 숫자는 제곱을 하지 않았으니까 루트를 씌울 필요가 없다고 생각했거든요.

$\sqrt{x_1^2} + \sqrt{x_2^2} + \sqrt{x_3^2}$ 이니까 3으로 나누면 안 되냐는 뜻은 이해하겠지만 이건 절댓값을 사용한 평균과 똑같습니다.

아아!

전체 식에 루트를 씌운 상태에서 3으로 나눈다는 게 찜찜할 순 있겠지요. 하지만 3이 루트 안에 들어 있는 게 좋습니다. 평균에 대한 좀 더 자세한 내용은 이번 교시의 부록①에서 다루겠습니다. 이렇게 분산 알아보는 방법에 대한 설명을 마치겠습니다.

<표준편차의 식>

$$\sigma = \sqrt{\frac{1}{n}\sum_{i=1}^{n}(x_i - \overline{x})^2}$$

- σ : 표준편차
- n : 데이터의 수
- Σ : 수열의 합
- i : 변수(1부터 n까지 점점 늘어나는 정수)
- x_i : i번째에 있는 데이터의 값
- $\overline{x}$: 모든 데이터의 평균(상가 평균)

✓ 편찻값의 계산식 외우기

 선생님! 표준편차를 엑셀로도 구할 수 있다고 하셨잖아요.

 그렇지요.

 그래서 제가 엑셀을 준비했습니다! (이글이글)

 의욕이 좋군요. 그럼 김수포 씨의 편의점 세 곳의 매출을 가지고 직접 해볼까요? 먼저 셀 A1부터 A3까지 80, 60, 100이라고 입력해 봅시다. 그리고 다른 빈칸에 =STDEV.P(A1:A3)이라고 써 보세요.

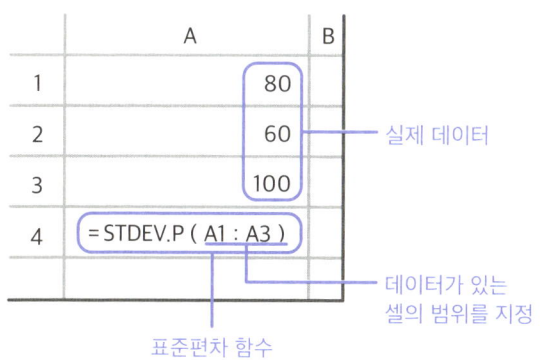

음… 약 16.3이 나왔네요. 맞군요.

이게 표준편차입니다. 엑셀을 이용하면 계산까지 훨씬 수월하지요. 데이터 전체의 평균을 알아보고 차이 나는 값을 제곱하는 등 귀찮은 계산은 엑셀이 전부 다 해줍니다.

저보다 만 배 정도는 똑똑하네요.

시험 삼아 데이터를 50, 0, 200처럼 멀리 떨어진 숫자를 넣어 보세요.

84.98366이네요.

분산의 폭이 커졌다는 게 수치로 바로 보이지요? 자주 오는 기회가 아니니 하나만 더 알려드리자면 표준편차를 계산할 수 있는 편찻값도 계산할 수 있습니다.

편찻값이요? 표준편차랑 똑같이 편차라는 단어가 들어가네요.

그렇습니다. 사실 편찻값은 다음과 같은 식이 있는데 여기에 결괏값만 집어넣으면 됩니다.

<편찻값 계산식>

$$편찻값 = 50 + \frac{10 \times (득점 - 평균점)}{표준편차}$$

 편찻값의 특징은 50이 기준이라는 겁니다. 그러나 시험 점수를 예로 들면 같은 100점 만점이라도 편찻값이 70일 때도 있고 75일 때도 있지요. 분모의 표준 편차가 바뀌기 때문입니다. 다시 말해 편찻값에서는 표준편차라는 측정 단위를 쓰는데 데이터가 평균에서 얼마나 떨어져 있는가를 생각하는 것이지요.

만약 시험에서 다들 비슷비슷한 점수를 받았다면 '분산의 폭이 작다'는 뜻이 되기 때문에 표준편차도 작아집니다. 그러면 분모가 작아지니까 100점인 사람의 편찻값은 오르는 겁니다.

 아하! 그럼 이것도 엑셀로 뚝딱 계산해낼 수 있을까요?

 물론입니다. AVG함수로 계산할 수 있답니다. 편찻값을 자동 계산할 수도 있지요. 그러면 값만 보고 각 매장의 점장이나 시험을 치른 학생들에게 편찻값을 알려 주는 것만으로 현재 상태를 알려 줄 수 있는 거지요. "A점포의 편찻값은 40이니 더 노력하시게" 이렇게 말이지요.

 …뭐죠, 그 어색한 연기 톤은…

 (싹둑)아무튼 이렇게 대수 수업을 마치겠습니다.

✅ 부록① 깊고도 깊은 평균의 세계

오늘은 정말 많이 배웠네요. 그런데 평균 구하는 방법이나 평균의 종류가 한 가지가 아니라는 사실이 충격적입니다. 이건 어떻게 구분해서 쓰나요?

엄밀히 말하면 구분하는 법은 없습니다. 하지만 수학자가 절댓값 평균을 싫어하는 것만큼은 틀림없습니다. 절댓값을 쓰면 미분·적분을 못 쓰니까요. 절댓값이 있으면 해석적으로도 다루기가 어렵습니다. 그 외에는 학자든 기업이든 편한 대로 평균을 구하면 돼요. 방법은 상관없지요.

수학이 이렇게 자유분방한 학문이었다니…

초중고 학과 과정은 수학의 기초를 다지는 기간이기 때문에 탄탄하게 공부해야 하지만, 점점 수준이 올라가면 갈수록 무척 자유롭습니다. 수학계에서 쓰이는 이론과 모순이 없다면 뭐든지 가능하지요.

아니… 그러면 뭔가 문제가 생기진 않나요? 모로 가도 서울로만 가면 된다는 느낌인데…

평균도 애초에 인간의 편의를 위해 만들어 낸 개념일 뿐이니까 어떻게 정의를 내리든 우리 마음이지요.

그렇구나. 그럼 제가 오늘부터 저는 평균을 이렇게 정의내리고 이렇게 구하겠습니다! 라고 해도 되는 거군요.

그런 셈이지요. 다만 거기에 학계의 많은 사람이 찬성하고 실제로 사용하는가는 또 다른 문제지요. 평균과 비슷한 예로, 거리가 있습니다. 피타고라스의 정리에서 직각삼각형의 긴 변 c의 길이는 $\sqrt{a^2+b^2}$ 이었지요. 이 변 c의 길이를 a+b로 정의해도 괜찮습니다.

엥? 정말요?

그럼요. 예를 들어 서울 거리가 바둑판 모양이라고 가정해 볼까요. x 지점부터 y 지점까지 이동할 때 a거리와 b거리를 대각선으로는 갈 수는 없겠지요. 그렇다면 서울 시내의 이동 거리만 놓고 본다면 거리를 a+b라고 정의해도 문제없지 않을까요? 왜냐하면 그게 실제로 이동하는 거리이니까요.

뭐지, 이 묘하게 이해되는 느낌…

용도나 상황에 따라 평균이나 거리처럼 인위적인 개념은 어떻게 정의를 하든 이치에 맞기만 하면 된다는 거지요. 특히 평균은 개념이 두루뭉술하기 때문에 어떤 평균이든 상관없습니다.

그렇구나. 평균의 세계는 참 알면 알수록 깊네요.

값을 계산해 보면 알겠지만 '조화 평균은 상가 평균보다 더 작다'는 특징이 있습니다.

 더 깊어지지 않아도 될 것 같습니다…

✔ 부록② 평균값, 중앙값, 최빈값

 아 참, 가끔 뉴스에서 연 수입의 중앙값 같은 말이 나오던데… 중앙값이 뭔가요?

 '연 수입의 중앙값'은 온 국민을 연 수입 순으로 나열했을 때 정확히 정중앙에 있는 사람의 연봉을 말합니다. 데이터 수가 짝수면 중앙에 있는 두 사람의 상가 평균을 말합니다. 중앙값은 메디안(median)이라고도 하지요.

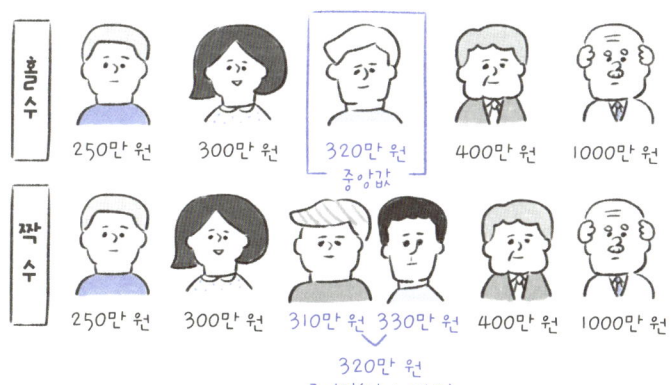

 오~ 확실히 그게 더 실태에 가까울 것 같아요.

그렇지요. 그리고 비슷한 개념으로 최빈값(모드, mode)이라는 것도 있는데 이건 전 국민 연봉으로 분포도를 그렸을 때 가장 위쪽에 있는 값을 가리킵니다. 만약 A라는 마을에 연봉 3천만 원인 사람이 많으면 'A마을 주민의 연봉 최빈값은 3천만 원이다'라는 결론을 낼 수 있지요.

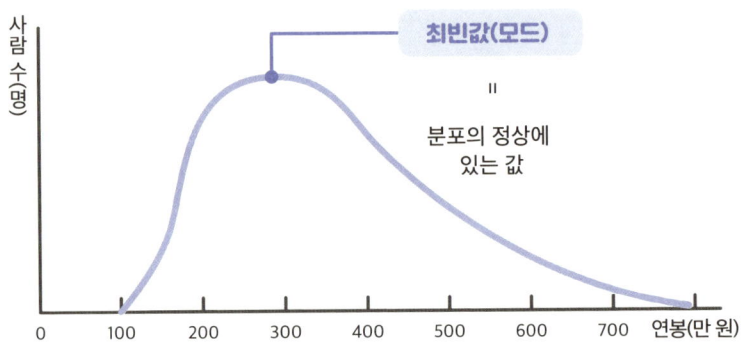

 우와, 정말 다양하네요.

 그렇습니다. 참고로 우리가 자주 쓰는 평균값은 민(mean)이라고 합니다. 결국 평균값도 중앙값도 최빈값도 '실태를 파악하기 위한 참고 값'이지 않습니까? 이런 값을 통계의 세계에서는 대푯값이라고 합니다. 개념을 알아 두기만 해도 충분할 겁니다.

 음~ 그럼 실태를 파악하는 방법은 평균뿐만이 아니고 그 평균도 상가 평균만 있는 것이 아니라는 거군요.

 그렇습니다! 애초에 평균에 가까운 데이터가 많이 있을 때만 평균값을 사용할 수 있어요. 즉, 데이터 분포도를 그렸을 때 그래프 모양이 좌우대칭인 종 모양이어야만 평균을 사용할 수 있습니다. 이를 정규분포나 가우스 분포라고 하지요.

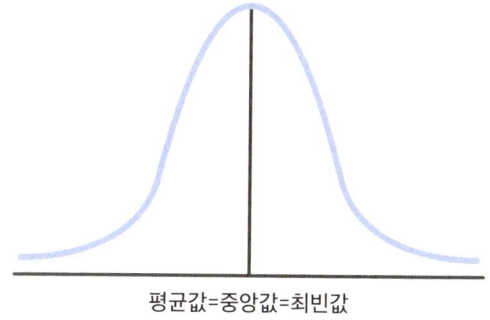

 또 나왔네요, 가우스.

 하하. 참고로 정규분포일 때는 평균값과 중앙값과 최빈값이 일치합니다.

 정말 깔끔한 종 모양이어야만 하겠군요. 그런데 실제로 이런 그래프를 보는 일이 흔한가요?

 그러면 좋겠지만 깔끔한 정규분포는 거의 없습니다. 예를 들면 연봉의 분포도는 기본적으로 왼쪽으로 조금 치우쳐있지요. 이런 분포를 파레토 분포 또는 롱테일이라고 합니다.

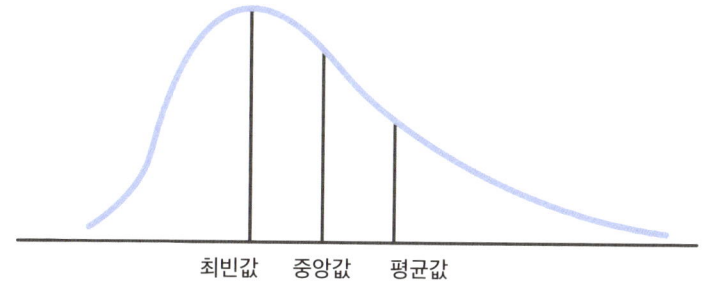

우와, 이게 그 유명한 롱테일이군요! 꼬리가 길게 빠져 있다고 해서 롱테일이라고 들었습니다. 진짜 꼬리가 기네요.

 하하. 맞습니다. 그런데 이렇게 되면 평균값의 존재 이유가 두루뭉술해집니다. 즉, 실태가 제대로 반영되지 않기 때문에 평균값을 산출하는 의미 자체가 사라지게 되지요.
극단적인 예를 들자면, 수학 시험에서 0점을 받은 사람이 10명 있고 100점을 받은 사람이 10명일 때 분포 그래프를 그리면 좌우 끝에 산꼭대기가 2개 있는 모양이 됩니다. 이런 분포를 두고 이번 시험 평균이 50점이었다는 결론을 내리는 건 타당하지 않겠지요.

 그렇네요. 실제로 50점을 받은 사람도 없잖아요.

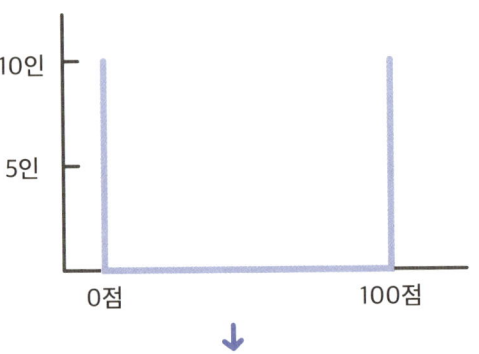

이 데이터(그래프)에서 '평균 50점'은 의미가 없다.

 이것을 수학적으로는 평균값이 존재하지 않는다고 합니다.

 와! 평균이 존재하지 않을 때도 있군요.

이게 평균의 함정이지요. 평균이라고 해서 그 어떤 데이터든 올바르게 파악할 수 있다는 건 큰 착각입니다.

 평균값이라고 막 믿었다간 큰일 나겠군요. 2일째 수업인데 벌써 유용한 걸 잔뜩 배운 기분이에요.

3일째

속이 다
시원해지는
'해석' 한 방에
끝내기!

점점 넓어지는 함수의 세계

이번 시간엔 피하고 싶어도 마주할 수밖에 없는 함수들을 알아가는 시간을 가져 봅시다. 함수의 유용함을 깨달으면 매력적으로 보일지도 몰라요.

✓ 함수와 방정식의 차이

(두근) 오늘 드디어 해석의 세계로 입문하나요?

네! 해석! 영어로는 analysis라고 하지요. 해석의 최종 목표 기억나나요?

4가지 함수 끝내기였죠? 함수라… 몇 번을 들어도 함수와 방정식이 뒤죽박죽이에요.

걱정 마세요! 그건 누구나 그럴 겁니다. 하지만 중요한 것이니 한번 정리하고 넘어갈까요? 우선 함수란 y와 x의 관계성을 나타내는 식을 가리킵니다. 이차함수로 예를 들자면 $y=ax^2+bx+c$ 같이 쓰지요. 함수는 반드시 그래프로 그립니다. 그리고 종류도 무척 많습니다. 이만큼이나 있지요.

헉… 이차함수가 반가울 줄이야. 낯선 이름 투성이네요…

대학교에서 배우는 함수도 포함된 거니 어렵게 생각하지 마세요. 수학의 선구자들이 이렇게 많은 함수를 고안해 준 덕분에 우린 복잡한 문제를 수학의 힘으로 간단하게 해결할 수 있게 되었지요.

과연 정말 간단할까…(의심의 눈초리) 그럼 방정식은 무엇인가요?

방정식은 함수 y나 x 중 어느 한쪽 숫자가 정해진 식을 말합니다. 이차방정식을 예로 들자면 $ax^2+bx+c=0$ 같이 쓰지요. 그래프로 치자면 y가 0일 때 x의 값을 구해라 같은 문제를 들 수 있겠네요.

> 함　수 : 관계성을 식이나 그래프로
> 　　　　나타내는 것
>
> 방정식 : 함수의 한 점에 주목하여
> 　　　　값을 계산하는 것

오호! 얼핏 보기엔 함수가 더 유용하고 대단해 보이는걸요.

하하. 어느 쪽이 더 좋다 나쁘다고 할 순 없어요. 둘 다 필요하지요. 예를 들어 어떤 현상을 분석해서 y와 x의 관계성을 식으로 나타내거나 역으로 x가 100일 때 y의 값이 얼마인지를 방정식으로 계산할 때 등 함수와 방정식 모두 유용하고 꼭 필요한 존재지요.

문제 풀 때나 쓰고 마는 줄 알았더니 의외로 만능이군요!

물론 수학 교과서에서나 마주치는 문제와 달리 실제로 우리가 겪는 현상은 복잡해서 일차함수나 이차함수만으로 전부 표현할 수는 없어요. 그래서 고등학교를 졸업한 이후로는 새로운 함수와 계산법을 세트로 외우게 되지요.

(불안) 저… 그런데 중학 수학의 끝판왕은 이차방정식이지 함수가 아니었던 것 같은데요.

실제 끝판왕은 이차함수입니다!

절 속이신 건가요?! (눈물)

오해하지 마세요. 중학 수학에선 이차함수가 이도 저도 아닌 상태에서 끝이 나지만 원래는 함수와 방정식을 묶어서 공부해야 그 위력을 발휘하지요.

 아! 중학교에서 U자 모양 그래프로 이차함수를 마주했던 기억이… (가물가물)

 오, 맞습니다. 중학 수학 과정에서는 $y=ax^2$ 같은 형태로 그래프가 좌표(0,0)를 교차하는 이차함수를 배웠었지요.

중학교에서 배우는 이차함수

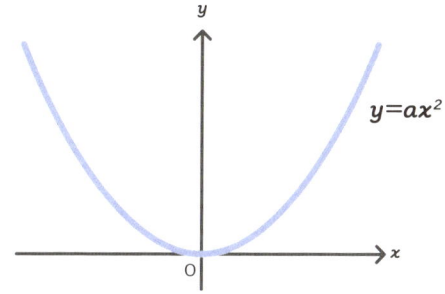

 (안절부절) 큰일이네요. 이차함수부터 이렇게 가물가물해서야…

 걱정 마세요! 이차함수는 다시 한번 복습할 테니까요. 방정식을 풀 줄 알면 함수를 이해하는 것도 금방입니다.

 정말 감사합니다! (감격)

 자, 그럼 이쯤에서 고등 문과 수학 과정에서 배우는 함수를 다시 정리해 보자면 이렇습니다.

이차함수 (y=ax²+bx+c)
지수함수 (y=aˣ)
로그함수 (y=logₙx)
삼각함수 (y=cosx)

이렇습니다~

이 중에서 삼각함수는 다음 기하 수업에서 같이 할 테니까 오늘은 이차함수 복습부터 들어가겠습니다. 그리고 지수함수를 메인으로 다룬 다음 부록으로 지수함수의 친척인 로그함수를 맛보기로 하겠습니다. 그리고 해석을 뜻하는 미분·적분은 '방과 후 특강'에서 다루도록 하지요.

알겠습니다!

 포인트!

〈함수와 방정식의 차이〉

방정식 ➡ 특정 조건에서 x(모르는 수)를 풀어내는 것

함　수 ➡ 관계성 그 자체를 나타내는 것
　　　　 (조건이 정해지면 방정식이 된다)

 **이차함수 총정리!**

3일째 2교시

이차함수를 이용하면 이차방정식을 y와 x의 관계식으로 변환하여 그래프로 표현할 수 있어요. 이참에 이차방정식을 푸는 방법도 같이 정리해 볼까요?

✓ 간단 복습! 이차방정식

 이차함수는 정~말 중요한 함수입니다. 중학 과정에서 배운 이차방정식 복습까지 포함해서 가볍게 다뤄볼게요.

 정말 깃털처럼 가볍게 부탁드릴게요.

 흠흠. 먼저 기본적인 부분부터 정리해 보자면 $ax^2+bx+c=0$에서 x의 오른쪽 위에 있는 숫자, 이걸 지수라고 하는데 지수 중 제일 큰 숫자가 2로 구성된 식을 바로 이차방정식이라고 합니다.

> x만 있다면 일차방정식
> x^3이 있다면 삼차방정식

> **<차수>**
>
> 일차, 이차…를 '차수'라고 한다. 예컨대 x^3은 x를 3번 곱하므로 삼차다. 그 식에 포함되는 가장 큰 차수로 몇 차 방정식인지가 결정된다.
>
> 예: $5x^6+4x^4+2x+10=0$은 육차방정식

 오 왠지 처음 들은 것처럼 신선하네요.

 이차방정식 중에서도 제일 간단한 형태는 $x^2=9$처럼 같은 값을 곱하면 어떠한 값이 된다는 식입니다. 이 식의 답을 알겠나요?

 아하! 알 것도 같은데요. 루트를 쓰죠? $\sqrt{9}$니까 3입니다!

 아깝네요! 부호까지 생각하면 정답은 2개입니다. 3과 -3이지요. $(-3) \times (-3)$도 9가 되니까요.

 아아… 맞네요. (아쉽)

 조금씩 떠올리면 되니까 괜찮아요. 이렇게 같은 수를 곱할 때는 루트를 사용하면 단번에 풀리지요. x^2뿐만 아니라 $(x+1)^2=4$와 같은 식도 마찬가지입니다. $(x+1)$을 한 덩어리, 예를 들어 ◎라고 생각하면 $◎^2=4$이므로 ◎는 2 아니면 -2입니다. ◎에 $(x+1)$을 대입하고 $x+1=2$와 $x+1=-2$를 각각 계산하면 $x=1$과 -3이라는 사실을 알 수 있지요.

$$
\begin{aligned}
(x+1)^2 &= 4 \\
\bigcirc^2 &= 4 \\
\bigcirc &= \pm\sqrt{4} \\
\bigcirc &= 2, -2 \\
x+1 &= 2 \\
x+1 &= -2 \\
\text{따라서}\ x &= 1, -3
\end{aligned}
$$

◎로 놓는다.
(x+1)로 되돌린다.

 이렇게 보니 물 흐르듯 자연스럽게 풀리네요.

 그렇지요? $(x+1)^2$처럼 x를 기준으로 같은 값만큼 떨어진 숫자끼리 곱한 것을 저는 같은 값의 양극이라고 부릅니다. $(x+3)^2$이나 $(x-1)^2$처럼 말이에요.

 같은 값의 양극이요? 처음 들어 보는 표현이군요.

 제가 만들었으니까요. 이 같은 값의 양극이야말로 이차방정식을 푸는 핵심 열쇠입니다. 얼핏 봐선 이 방식을 쓸 수 없을 것 같은 $x^2+10x+20=0$ 같은 식도 같은 값의 양극으로 풀게끔 바꿀 수 있습니다. 그리고 루트로 마무리할 수 있지요.

 그럼 그 바꾸는 방법만 알면 웬만한 이차방정식은 풀 수 있겠군요!(활짝)

 그렇습니다! 예를 들어 $x^2+10x+20=0$이라는 이차방정식에서는 먼저 x^2+10x에 주목하는 것이 비결입니다.

$$x^2 + \boxed{10}x + 20 = 0$$

①단계 같은 값의 양쪽이 되도록 바꾸기

A 일차 계수를 2로 나눈다. → ⑤
B A의 값으로 양쪽 식을 만든다.
→ $(x+5)(x\boxed{+5})$
C A의 값을 2제곱한 다음 뺀다.
→ $(x+5)(x+5)\boxed{-25}$

이렇게 x^2+10x를 $(x+5)×(x+5)-25$로 변환할 수 있습니다. 이제 여기서 원래 식에 대입하기만 하면 됩니다.

②단계 원래 식에 대입하기

$$\boxed{x^2 + 10x} + 20 = 0$$
$$\boxed{(x+5)(x+5) - 25} + 20 = 0$$
$$(x+5)^2 = 5$$
$$(x+5) = \pm\sqrt{5}$$
$$x = \sqrt{5} - 5, \ -\sqrt{5} - 5$$

헉! 끝난 건가요?

네. 이차방정식은 이렇게 풉니다. 학교에서 시험을 볼 때는 루트를 그대로 써도 좋지만 실제로 써먹을 땐 함수 계산기로 계산하면 간단하겠지요?

 여기가 포인트!

<완전제곱>

반으로 나눈 값으로 이차방정식을 푸는 방법을 '완전제곱'이라고 한다. 그 외에는 '인수분해'라는 풀이법도 있다. 그러나 '인수분해'로 풀 수 있는 식을 실제로 만날 일은 거의 없다.

 이차방정식이 이렇게 간단했나 싶네요. 플러스마이너스를 잊어버린 제가 할 말은 아니지만요. 하하.

 교과서에서 배우는 쓸데없는(작은 소리로) 근의 공식을 통째로 암기하지 않는 게 중요하지요. 그런 복잡한 공식을 외울 바엔 이차방정식을 같은 값의 양극으로 바꾸는 ①, ②단계를 공식화해서 외우는 게 훨씬 더 편할 겁니다.

근의 공식(외우지 마세요)

$$x = \frac{-b \pm \sqrt{b^2 - 4ac}}{2a}$$

공식화? 저 과정을 공식화할 수가 있나요?

 그럼요. 바로 이겁니다.

이차방정식을 양극으로 변환하는
무적의 공식

$$x^2 + ax = \left(x + \frac{a}{2}\right)^2 - \frac{a^2}{4}$$

 이건 근의 공식보다 훨씬 더 외우기 쉬운 무적의 공식입니다. 머지않아 중학교 교과서에서 보게 될지도 모르지요. 그랬으면 좋겠네요.

 오 그렇다면 대박사 공식이라고 불리는 건가요? 확실히 깔끔하긴 하네요.

 그렇지요? 이차방정식 안에서 x^2+ax라는 표기를 발견하면 반사적으로 이 무적의 공식을 써서 같은 값의 양극 모양으로 만들기만 하면 됩니다. 그러면 루트 모양으로 전개하기 쉬워지니까요. 자, 그럼 중학 수학의 끝판왕이었던 이차방정식의 총정리를 마쳐 볼까요?

 매번 느끼지만 이렇게 후다닥 끝나는데도 뭐가 남긴 남는다는 게 신기하네요.

 하하. 그게 제 커리큘럼의 매력이지요.

✓ 이차함수 그래프 그리기!

 그런데 말입니다… 이차방정식에서는 모르는 값이 x 하나밖에 없었는데 이차함수에는 y까지 생겨서 그런지 더 막막해요.

 형태로 보면 $y = x^2 + 10x + 20$ 같은 식이지요? 예를 들면 방금 했던 이차방정식 $x^2 + 10x + 20 = 0$을 이차함수로 적으면 $y = x^2 + 10x + 20$이 되기 때문에 y와 x의 관계성을 알아봐야 합니다.

 만약 이걸 방정식으로 나타낸다면… 음… 예를 들어 y를 0으로 바꾸면 되나요?

 그렇습니다! 그리고 좌우를 바꿔서 =0 모양으로 만들면 보기가 쉬워지죠.

 흠흠(이제 빠지자)

 예를 들어 $y = x^2 + 10x + 20$을 그래프로 그리면 이렇게 됩니다.

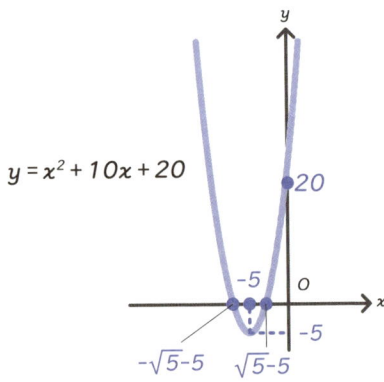

우와! 어떻게 이렇게 빠르게 그래프를 그려내시죠?

 후후후. 실은 비결이 있습니다. 먼저 이 이차함수를 딱 보면 3가지를 알 수 있습니다.
첫째, 이차함수의 그래프는 반드시 포물선을 그린다는 것. 계곡 모양이나 산 모양 중 하나지요. 계곡 모양은 바닥에 해당하는 꼭짓점, 산 모양은 산꼭대기에 해당하는 꼭짓점을 경계로 좌우대칭 모양이 됩니다. 이게 이차함수 그래프의 큰 특징이지요.

이차함수 그래프

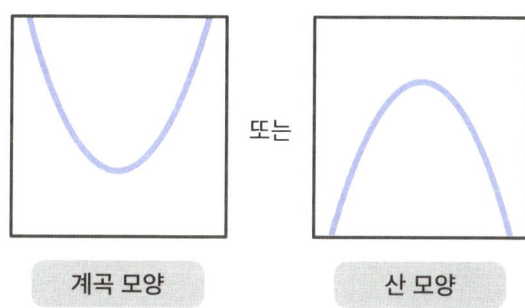

계곡 모양   산 모양

 포인트!

<이차함수의 특징①>

이차함수의 그래프는 꼭짓점이 하나(계곡 바닥이나 산꼭대기)다. 그 꼭짓점을 경계로 좌우대칭 포물선을 그린다.

 아아~ 생각해 본 적 없었는데 그러고 보니 그렇네요.

세상은 포물선으로 가득하지요. 공의 궤도도 포물선으로 표현할 수 있을 정도니까요. 둘째, 그래프가 계곡 모양이 될지 산 모양이 될지는 x^2의 계수로 판단합니다. x^2의 계수가 양수면 계곡 모양이고 음수면 산 모양입니다. 여기에서 x^2은 계수 1이 생략된 것이므로 양수지요. 그래서 계곡 모양이 나온 것입니다.

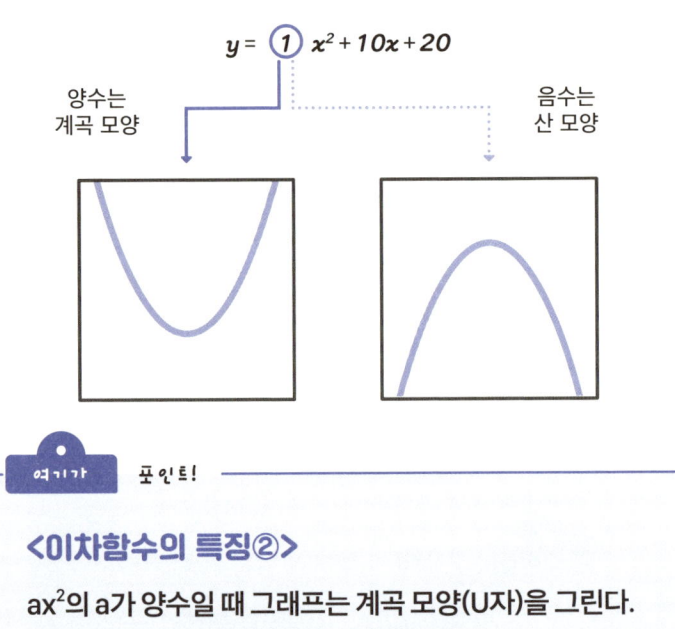

<이차함수의 특징②>

ax^2의 a가 양수일 때 그래프는 계곡 모양(U자)을 그린다.
음수일 때는 산 모양(뒤집힌 U자)을 그린다.

x가 없는 0차 항의 값이 여기서는 20이지요? 이 값은 x가 0일 때 y의 값을 나타냅니다. y절편이라고도 하지요. 이 이차함수는 어떤 모양이든 상관없이 y축 위의 20을 지납니다. 이게 바로 세 번째 특징이지요.

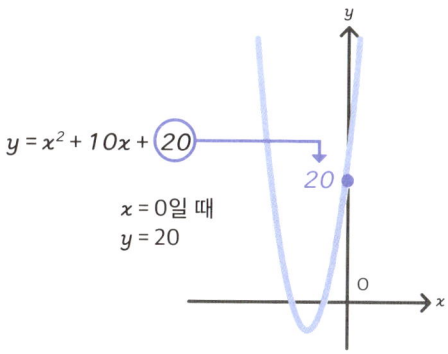

<이차함수의 특징③>

$y=ax^2+bx+c$의 0차(x가 없는 수)에 해당하는 c를 y절편이라고 한다. 이차함수의 그래프는 반드시 $(x, y)=(0, c)$인 y축 위의 점을 지난다.

저, 선생님… 여기서 이해가 잘 안 되는데요. 왜 어떤 모양이든 상관없이 y축 위의 20을 지나는 거죠?

$y=x^2+10x+20$에 $x=0$을 대입하면 됩니다. 그러면 x^2도 $10x$도 0이 되어 $y=20$만이 남지요. x가 0일 때 y의 값은 20이라는 뜻이 됩니다.

(짝짝)대단하다…! 이차함수를 보는 것만으로 이런 걸 알아낼 수 있다니. 마치 셜록 홈즈 같았습니다!

하하. 하지만 이것만으로는 그래프를 그릴 수 없습니다. 바로 여기서 같은 값의 양극으로 변환하는 식이 등장합니다.

오오~ 이렇게 연결되다니!

 같은 값의 양극 식을 되짚어 보면 $x^2+10x+20$을 반으로 나눠 변환한 식이 $(x+5)(x+5)-5$였지요. 여기서 오른쪽 끝에 붙어 있는 −5라는 값을 보세요. 사실 이것이 그래프 꼭짓점의 y값입니다. 산꼭대기 혹은 계곡의 바닥이지요.

 우와(×3)

 그런 규칙성이 있습니다. y가 −5일 때 x의 값은 이차함수의 식에 $y=-5$를 대입하면 알 수 있습니다.

$$Y = (x+5)(x+5) - 5$$
$$-5 = (x+5)(x+5) - 5$$
$$0 = (x+5)(x+5)$$

 여기에 굳이 루트를 쓰지 않아도 같은 수를 곱하면 0이 되니까 $(x+5)$ 자체가 0이 되어야 합니다. 따라서 $x+5=0$이 되니까 x는 −5. 즉, 좌표 $x=-5, y=-5$가 그래프의 계곡 바닥이라는 것이지요.

 오오~ 정말 자연스럽게 끝이 보인다!

 하지만 아쉽게 그래프는 아직 그릴 수 없습니다.

 앗, 거의 다 온 줄 알았는데…

다 왔습니다. 이제 마지막으로 이차방정식의 풀이를 생각하는 겁니다. $x^2+10x+20=0$의 답은 $\sqrt{5}-5$와 $-\sqrt{5}-5$였지요? 이걸 이차함수에 적용해서 표현하면 y가 0일 때 x의 값은 $\sqrt{5}-5$와 $-\sqrt{5}-5$라는 뜻이 됩니다. 즉, 그래프가 x축 위의 $\sqrt{5}-5$와 $-\sqrt{5}-5$라는 두 점을 그래프가 지난다는 뜻이지요. $\sqrt{5}$는 2.2 정도니까 대충 −2.8과 −7.2를 지나게 되는 겁니다. 정보가 이렇게 모이면 그래프를 그릴 수 있겠지요? (뿌듯)

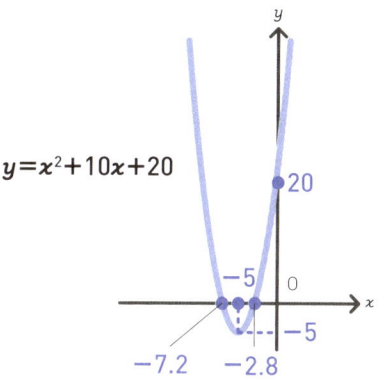

 드디어! (감격) 그래프가 나왔군요!

 이렇게 하나하나 설명하니 꽤 긴 과정처럼 느껴지겠지만 숙달되면 금방입니다. 이차함수의 식을 보고 '계곡 모양인가? 산 모양인가?' 'x축과 y축에서 각 만나는 점은?' '꼭짓점의 좌표는?' 이렇게 3개의 정보를 뽑아내고 그래프를 그릴 수 있다면 이차함수는 끝난 겁니다. 그 계산 방법에 대한 힌트를 주자면 중학 수학 과정에서 배웠습니다.

 …혹시 x축에서 2개가 교차한다는 건가요?

 좋은 접근입니다! 그게 이차함수에서 아주 중요한 포인트지요. 이차함수는 포물선을 그리니까 계곡 모양이고 그래프에서 계곡 바닥에 해당하는 $y=-5$보다 y의 값이 크면 x의 값은 항상 2개라는 걸 뜻하지요. 이차방정식을 배울 때 많은 문과생이 왜 답이 2개냐며 혼란스러워하는데 그래프를 이해하면 단번에 알 수 있어요. 포물선이니까 왔다 갔다 2번 부딪히기 때문이지요.

그 예외가 꼭짓점이군요.

그렇습니다. 밑바닥이나 산꼭대기에서 x는 하나밖에 없습니다. 예를 들어 이차함수에서는 꼭짓점이 좌표의 원점(0,0)을 지나는 $y=x^2$ 같은 단순한 것밖에 다루지 않아요. 반면 이차방정식에서는 $y=0$일 때 x의 답이 2개 있는 문제를 거침없이 내지요.

아~ 한탄스럽네요. 머리가 좀 더 쌩쌩 돌아가던 시절에 이렇게 그래프를 이해했다면 좋았을 텐데…

하하. 지금도 전혀 늦지 않았습니다.

저 같은 이차방정식 난민이 또 생기지 않게 중학 과정에서 확실히 이차함수를 끝내라고 건의라도 하고 싶네요. 아, 그런데 선생님. 그래프를 보다 보니 궁금한데 혹시 그래프가 산 모양이고 y의 값이 꼭짓점인 (0,0)보다 작으면 어떻게 되나요?

그럴 때는 근이 없음이 됩니다.

근이 없음? 그게 뭔가요? 식이 있으니까 y의 값을 대입할 수 있지 않나요?

실제로 해보는 것만큼 좋은 학습이 없지요.(의욕) 아까 했던 이차함수 식에 꼭짓점보다 작은 $y=-6$을 대입해 보겠습니다.

아, 네…(괜히 물어봤나)

$$Y = x^2 + 10x + 20$$
$$-6 = x^2 + 10x + 20 \quad \leftarrow Y=-6을\ 대입$$
$$-6 = (x+5)^2 - 25 + 20 \quad \leftarrow 우변을\ 반으로\ 나눠\ 변환$$
$$-6 = (x+5)^2 - 5$$
$$-1 = (x+5)^2$$

 여기서 같은 수를 제곱하면 음수가 되는 숫자는 무엇일까요?

 으음… 잠시만요. 시간을 좀 주세요. (3분 뒤) 아!

 (기대) 알아냈나요?

 네! 모르겠다는 걸 알아냈습니다!

 하하. 그래도 꽤 오래 생각했네요. 생각하는 체력이 꽤 많이 붙었는데요? 자, 답을 알려드리자면 수학상으로는 정답이 없습니다.

 이런… 분하다…

 그래서 근이 없음이라고 써도 좋습니다. 그래프로도 나타낼 수가 없지요. 물론 허수를 쓰면 나타낼 수 있지만, 이건 일반적인 수가 아니니까 여기서는 따지지 않겠습니다.

 이제 모르겠을 땐 '근이 없음'이라고 대답해야지.

후후후. 수학에는 유연함도 중요합니다. 이렇게 이차함수 수업을 마치겠습니다!

 (중얼중얼) 근이 없음… 근이 없음….

수학에는

『근이 없음』

이라는 답도 있다.

지수함수, 이 편한 걸 아직도 안 써먹으면 손해!

$y=2^x$처럼 숫자의 오른쪽 위(지수)에 x가 들어간 함수를 지수함수라 합니다. 지수함수를 어떻게 사용하는지 알아 두면 문제를 풀 때뿐만 아니라 사회생활도 아주 편해집니다. 진짜예요.

✔ 지수함수와 관련된 용어 외우기

 이차함수 복습이 끝났으니 드디어 오늘의 메인 요리, 짜자잔! 지수함수로 넘어가겠습니다.

 (호응해 줘야 하나?) 와아아…

 지수가 무엇인지 기억나시나요?

 숫자 오른쪽 위에 아주 작게 들어간 숫자… 아닌가요?

 맞습니다! 바로 이 지수 자리에 x가 들어간 것을 지수함수라고 합니다. 3^x, 4^{2x} 모두 지수함수입니다.

 시작도 안 했는데 벌써 식은땀이…

하하. 이번에는 새로운 용어가 많이 등장하니 미리 간단히 정리하고 시작하겠습니다. 먼저 3^2처럼 오른쪽 위에 숫자가 붙은 것을 거듭제곱이라고 합니다. 영어로는 Power라고 하지요.

 파워요? 갑자기 이 친근감은 뭐지.

 값이 제곱으로 늘어나니 힘도 제곱으로 늘어난다는 느낌이지요? 여기서 베이스가 되는 3을 밑, 오른쪽 위의 작은 숫자 또는 문자를 지수라고 합니다. 그리고 밑을 지수의 값만큼 곱한 것을 거듭제곱한다라고 합니다. 예를 들어 3×3을 3^2으로 나타낼 때 밑 3을 지수 2로 거듭제곱한다고 표현할 수 있지요.

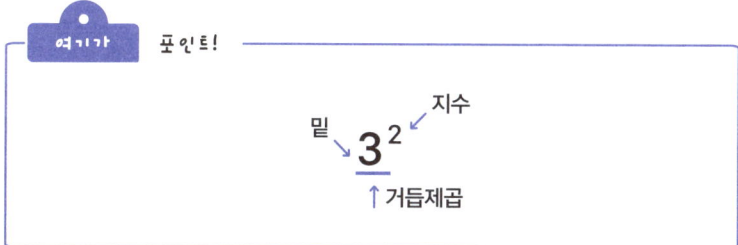

 바로 이 지수에 x가 들어간 함수를 지수함수라고 합니다. 밑이 2일 때의 식을 보면 이차함수를 뒤집은 것 같은 느낌이라 익숙할 거예요.

이차함수	지수함수
$y = x^2$	$y = 2^x$

자, 여기까지 따라왔나요?

 따라간 건지 끌려간 건진 모르겠지만… 그럭저럭 어딘가로 가고 있는 것 같긴 합니다.

 하하. 그럼 계속해서… $y=2^x$이라는 것은 2일째 2교시에서 등장했던 김 씨와 이 씨의 매일 2배씩 불어나는 쌀알 계산 식에도 등장했었습니다.

 아! 2배를 x회 반복하면 y가 된다는 거였죠.

 그렇습니다. 우리 일상에서 쉽게 접하는 계산들을 지수함수로 표현하는 경우가 생각보다 많습니다. 보험이나 투자 쪽에 종사하고 있는 분들은 물론이고 경제도 지수함수는 필수지요. 물론 실제로 식을 계산할 때는 함수 계산기나 엑셀로 충분하지만, 지수함수의 개념과 다루는 법은 확실히 알아 두면 좋겠지요?

 돈과 관련된 거군요.(반짝) 그럼 꼭 알아 둬야지…

✔ 기본 법칙① 곱셈일 때는 더한다

 지수함수에는 3가지 기본 법칙이 있습니다. 이것만 외우면 사실 끝난 겁니다. 이차함수나 이차방정식처럼 복잡한 공식도 없습니다. 게다가 눈치채지 못했겠지만 지금까지 등비수열을 하면서 이미 이 기본 법칙들을 살짝씩 훑었지요.

 아~ 이런 거 좋아요. 이전에 배운 걸 겹겹이 쌓아가는 느낌이에요.

그럼 바로 실전으로 들어가 볼까요? 아마도 다음과 같은 식을 자주 봤을 텐데요. 거듭제곱끼리 곱셈을 하는 경우입니다.

$$3^2 \times 3^4$$

 자주 보긴 했는데…(먼 산)

 어렵지 않아요. 따로따로 풀어 봅시다. 3^2은 '3을 2번 곱한다'는 뜻이고 3^4은 '3을 4번 곱한다'는 뜻이지요. 이걸 식으로 풀면 이렇게 됩니다.

$$3 \times 3 \times 3 \times 3 \times 3 \times 3$$

 3의 6제곱?

 그렇습니다. 거듭제곱끼리 곱셈을 하기 위해서는 지수인 2와 4를 더하면 됩니다.

〈거듭제곱끼리의 곱셈〉

$$a^s \times a^t = a^{(s+t)}$$

 여기서 지수인 2와 4를 곱해서 3^8이라고 생각하는 실수를 하기 쉽지요.

곱셈 문제인데 덧셈을 한다니… 함정인가요.

 머리 아프게 외울 필요도 없고 너무 쉬운 바람에 실수하기 쉬운 경우지요. 조금이라도 불안하면 간단한 예로 풀어 보면 됩니다. 3×3 같은 계산도 지수를 써서 나타내면 $3^1 \times 3^1$이지요. 지수인 1과 1을 더하면 2입니다. 그래서 3^2이 되지요.

 정답! 9!(자신만만)

 자, 이걸로 지수함수의 30%가 끝났습니다.

 이런 거 너무 좋아!

 기본 법칙② 거듭제곱을 거듭제곱할 때는 곱한다

 이번엔 괄호가 들어갑니다.

$$(2^3)^4$$

 지수가 이중… 밑인 2가 버거워 보여요.

 거듭제곱에 거듭제곱을 하는 식입니다. 당황할 필요 없어요. 괄호 안에 들어간 숫자는 한 덩어리로 본다던 거 기억나나요?

물론이죠. 앗, 그렇다면 괄호 안을 또 따로 먼저 풀어 본다면…

 좋은 접근입니다. 괄호 안에 있는 2^3을 풀면 $2×2×2$니까 8입니다. 8을 괄호 바깥에 있는 4제곱하면 4,096이군요.

$$(2^3)^4$$
$$= (2 × 2 × 2)^4$$
$$= (8)^4$$
$$= 8 × 8 × 8 × 8$$
$$= 4096$$

 2니 3이니 해서 귀엽게 봤는데 갑자기 숫자가 확 커지니까 부담스럽네요.

 이걸 또 지수로 나타내면 되지요. 4,096은 2^{12}입니다.

 엇, 2가 12번? 그렇게 금방 계산을 할 수 있으시다고요?(미심쩍)

 하하. 간단합니다. 아까는 지수끼리 덧셈을 했는데 거듭제곱을 거듭제곱할 때는 지수끼리 곱합니다. $3×4$라고 말이지요. 이것도 풀어 보면 알 수 있습니다.

$$(2^3)^4$$
$$= (2×2×2) × (2×2×2) × (2×2×2) × (2×2×2)$$
↑ 2를 3×4번 곱함

> **여기가 포인트!**
>
> **〈거듭제곱의 거듭제곱〉**
>
> $$(a^s)^t = a^{(s \times t)}$$

✔ 기본 법칙③ 나눗셈일 때는 뺀다

 자, 벌써 마지막 기본 법칙이네요. 바로 거듭제곱의 나눗셈입니다.

 덧셈, 곱셈 다음엔 나눗셈이군요.

 그렇지요. 사칙연산이니 덜 어렵게 느껴지지요? 다음과 같은 식을 풀어볼까요?

$$\frac{2^5}{2^3}$$

 저 이제 알 거 같습니다. 분자는 2를 5번 곱하고 분모는 2를 3번 곱하면 되니까… 8분의… 8분의… (손가락을 접는다)

 잘 생각해 보면 조금 더 간단하게 할 수 있어요. 분자는 2를 5번 곱하고 분모는 2를 3번 곱하니까 곱해야 하는 수가 동일한 부분은 지워버리면 되지요. 분자에서 2를 2번 곱하는 것만 남습니다. 즉, 이번에는 지수끼리 뺄셈을 하는 것입니다.

$$\frac{2^5}{2^3} = \frac{2 \times 2 \times 2 \times 2 \times 2}{2 \times 2 \times 2}$$

$$= 2 \times 2$$

$$= 4$$

이런… 나눗셈인 줄 알았는데 뺄셈이었다니! 분한데 더 쉬워진 것 같아서 좋네요.

정말 간단하지요? 자, 이렇게 지수함수의 기본 법칙 3가지가 모두 끝났습니다.

> **여기가 포인트!**
>
> <거듭제곱과 거듭제곱의 나눗셈>
>
> $$\frac{a^s}{a^t} = a^{(s-t)}$$

✓ 지수가 음수일 때는 어떻게 될까?

왠지 해선 안 될 질문 같은데 너무 궁금해서 참을 수가 없네요.

무엇이…?

지수가 음수일 때는 어떻게 되나요? 2^{-1} 같은 것 말이에요.

 좋은 질문이군요! 이건 세 번째 기본 법칙이었던 거듭제곱과 거듭제곱의 나눗셈을 사용해서 설명하겠습니다. 예로 $\frac{2^3}{2^4}$ 이라는 식을 풀어 볼까요? 분자에 2를 3번 곱하고 분모에 2를 4번 곱하니 각각 3번씩 빼버리면 분자인 2는 전부 사라지고 분모인 2 하나만 남네요. 정답은 $\frac{1}{2}$ 입니다. 계산식으로는 이렇게 나타냅니다.

$$\frac{2^3}{2^4} = \frac{2 \times 2 \times 2}{2 \times 2 \times 2 \times 2}$$

$$= \frac{1}{2}$$

 여기까진 앞에서 한번 해 봤으니 이해가 잘 되네요.

 이제 음수로 들어가 볼까요? 여기서 지수의 뺄셈만 보면 3-4니까 -1이지요. 다시 말해 2^{-1}이 되는데 답이 $\frac{1}{2}$이 된다는 겁니다. 이를 공식으로 만들면 이렇게 됩니다.

$$2^{-a} = \frac{1}{2^a}$$

 지수가 음수일 때는 2^a가 그대로 분모에 옵니다.

 …제가 어디서부터 놓쳤는지조차 모르겠어요…

천천히 풀어서 써 보면 어려울 것 하나 없습니다. 직접 써 보세요.

 음… 만약 3^{-4}이면 3^4이 81이니까… $\frac{1}{81}$이 된다…가 맞나요?
(소심)

 정답입니다! 음수의 제곱이란 사실 위아래를 바꾼다는 뜻이니까요.

<음수의 제곱>

$$a^{-s} = \frac{1}{a^s}$$

$$예: 2^{-3} = \frac{1}{8}$$

$$4^{-2} = \frac{1}{16}$$

지수가 0일 때는 어떻게 될까?

 음수가 나왔으니 말인데 그럼 이런 경우엔 어떻게 할까요?

$$\frac{2^3}{2^3}$$

 나눗셈인가요? 훗. 이건 간단하죠. 비밀은 모두 풀렸습니다! 지수를 빼면 되니까 0이네요. 2^0이니까. 정답은 0!(당당)

땡!

 가차 없으시네요.(시무룩)

 왜 0이 나왔는진 알겠지만 수학계가 정한 법칙에선 지수가 0일 때 정답은 모두 1입니다. 이유는 간단합니다. 모순을 일으키지 않기 위해서지요. 0제곱이 1이 되지 않으면 이래저래 문제가 생기거든요.

 네? 아니… 귀찮은 문제 처리하듯이 정답을 정해버린다니. 그거야말로 제가 알던 수학과는 모순되는 모습인데요. 전국의 문과생이 들고일어나는 소리가 들리네요. "왜?" "대체 왜?" "뭐라고?!"

 자세히 설명할 테니 흥분하지 마세요. 자, 원래 계산식을 한번 볼게요. $\frac{2^3}{2^3}$이지요? 이건 분자와 분모가 같습니다. 어떤 수를 같은 수로 나누면 얼마가 나오나요?

 …아! 1입니다!(깨달음)

 그렇지요. 그래서 $2^0=1$이어야 합니다.

 저기… 편집자님. 이 부분도 편집해 주세요.(모기 목소리로)

 하하. 단박에 이해한 것 같아 다행입니다. 노파심에 덧붙이자면 0의 0제곱, 즉 0^0은 일반적으로 정의할 수 없으니 착한 어른들은 호기심을 잠재우세요. 대학교 수준으로 가야 해서 머리가 무척 복잡해질 수 있거든요.

아무튼 지수를 계산하는 방법은 이걸로 끝입니다. 이제 지수를 자유자재로 다룰 수 있게 되었네요.

 수치스러움과 기쁨이 같이 느껴져서 기분이 묘하네요.

〈지수가 0일 때〉

지수가 0일 때 답은 1이다.

예: $2^0 = 1$

$50^0 = 1$

루트를 거듭제곱으로 변환할 수 있다

 너무 쉽게 이해해 버렸으니 지수함수의 중요한 법칙 하나를 더 다뤄 볼까요? 바로 지수가 분수일 때는 루트로 변환할 수 있다는 겁니다. 예를 들면 $2^{\frac{1}{2}}$을 $\sqrt{2}$로 변환할 수 있어요.

$$2^{\frac{1}{2}} = \sqrt{2}$$

 대체 뭐가 지나간 거죠…?

 왜 이 법칙이 생겨났는지 식을 자세히 계산해 볼까요?

$$2^{\frac{1}{2}} \times 2^{\frac{1}{2}}$$

 곱셈을 할 때는 지수끼리 더했었지요? 그러면 $\frac{1}{2} + \frac{1}{2}$ 이니까 1. 다시 말해 2^1이 되니 정답은 2입니다.

 네, 아직 잘 따라가고 있습니다.(초집중)

 같은 숫자를 곱해서 2가 된다, 즉 숫자가 양수일 땐 $\sqrt{2}$라는 뜻입니다. 따라서 $2^{\frac{1}{2}} = \sqrt{2}$인 것이지요.

$$2^{\frac{1}{2}} \times 2^{\frac{1}{2}} = 2^{\frac{1}{2}+\frac{1}{2}}$$
$$= 2^1$$
$$= 2$$

$2^{\frac{1}{2}}$을 2 제곱하면 2가 된다는 것은 $2^{\frac{1}{2}} = \sqrt{2}$

 (짝짝)깔끔 그 자체네요.

 이것이 고등 수학에서 배우는 분수 제곱입니다. 공식은 다음과 같습니다.

$$2^{\frac{n}{m}} = \sqrt[m]{2^n}$$

예 : $2^{\frac{1}{2}} = \sqrt[2]{2^1} = \sqrt{2}$

저… 선생님? 루트 왼쪽 위에 의문의 2라는 게 등장했는데요.

 사실 저 2는 지금까지 우리가 배운 모든 루트에 숨어 있었습니다.

 (입을 틀어막으며)그럴 수가…

 중등 수학 과정에서는 이 표기를 생략했지만 말이지요. 사실 2만 있는 것도 아닙니다. 3이나 4가 오기도 하지요. 예를 들면 3번 곱했을 때 2가 되는 것($x^3=2$)을 수학에서는 $\sqrt[3]{2}$라고 쓰고 3제곱근이라고 해요. 이 $\sqrt[3]{2}$를 지수로 나타내면 $2^{\frac{1}{3}}$이 됩니다.

$$\sqrt[3]{2} = 2^{\frac{1}{3}}$$

3제곱근

 참고로 $3^{\frac{3}{4}}$을 루트로 나타내면 $\sqrt[4]{3^3}$이 됩니다. 학교 시험에서는 "$3^{\frac{3}{4}}$을 루트를 써서 나타내라"라는 식으로 문제를 출제하는데 실제로 사회에서 써먹을 땐 그 반대를 쓸 일이 더 많습니다. 루트를 지수로 바꿀 때 이 규칙을 사용하지요.

 (멍)

 쉽게 말하면 지수함수를 외우면 루트를 쓸 필요가 없다는 겁니다. 루트는 $\frac{1}{2}$제곱으로 변환하면 되거든요.

 아하! 엇, 그런데 연구 쪽에 종사하시는 분들은 루트를 쓰지 않나요?

콕 집어 말하자면 분야에 따라 다르기도 하고 개인 취향입니다. 저는 개인적으로는 지수로 표현하는 게 더 직관적이고 알기 쉬운 데다가 쓰기도 쉬워서 루트는 잘 쓰지 않아요.

 수학에 개인 취향을 담을 수 있었구나.

 실제로 연구에 수학을 이용하는 분들은 용도에 따라 같은 표현도 다양하게 표기하지요. 이때 루트를 지수함수로 변환하는 게 아주 편리하다는 겁니다.
자, 그럼 지수함수를 정리해 보자면 먼저 거듭제곱의 3가지 기본 법칙은 다음과 같았습니다.

<거듭제곱의 3대 기본 법칙>
- $2^a \times 2^b = 2^{a+b}$
- $(2^a)^b = 2^{ab}$
- $\dfrac{2^a}{2^b} = 2^{a-b}$

 그리고 마지막 법칙에서 다음과 같은 법칙을 이끌어 낼 수 있었지요.

$$2^0 = 1$$

그리고 2^{0-1}을 알면 지수가 음수일 때는 위아래를 뒤집으면 된다라는 법칙도 이끌어 냈고요. 이렇게 설명했으니 앞으로는 지수에 x나 n, a 같은 게 쓰여 있어도 겁먹을 필요가 없겠지요?

$$\frac{2^a}{2^b} = 2^{a-b} \quad \leftarrow \text{공식}$$

$$\frac{2^0}{2^b} = 2^{0-b} \quad \leftarrow a\text{에 0을 대입한다.}$$

$$\frac{1}{2^b} = 2^{-b} \quad \leftarrow 2^0\text{을 1로 한다.}$$

✔ 지수함수를 그래프로 나타내자!

선생님, 그런데 말입니다. 지수함수도 어련히 '함수'이지 않습니까. 그렇다는 것은 그래프가…

존재하지요. 함수란 결국 그래프 위에서 시각적으로 파악하지 못하면 그 함수를 이해했다고는 말할 수 없습니다.

그러고 보니 지금까지 계속 거듭제곱 이야기를 했네요.

그렇습니다. 그럼 어떻게 지수함수를 그래프로 그리는지 $y=2^x$을 그래프로 그려볼까요? 먼저 $x=0$일 때 y의 값은 무엇일까요?

음… 2^0이니 1입니다!

좋습니다. 그럼 (0, 1)의 좌표에 점을 찍습니다. 다음으로 $x=1$일 때는 어떨까요?

 2^1이니까 $y=2$예요!

 그리고 $x=2$일 때는 2^2이니까 4지요? 이렇게 점을 찍고 모든 점을 지나도록 선을 그리면 오른쪽 위로 쭉 뻗어가는 곡선이 그려지지요.

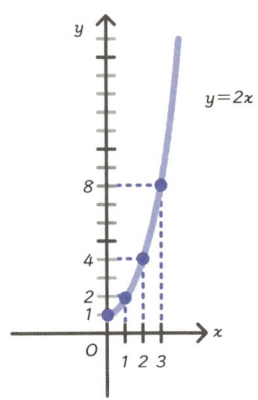

 엇, 공간이 부족한 것 같아요.

 그렇습니다. 이차함수 $y=x^2$의 그래프도 오른쪽으로 쭉 뻗는데 지수함수가 훨씬 더 위까지 갈 것 같은 느낌이 들지요?

 y가 천문학적인 숫자가 될 것 같아요. 불어나는 쌀알처럼 말이에요.

 아주 잘 봤습니다! 그게 지수함수를 배울 때 가장 중요한 포인트입니다. *지수함수는 이차함수가 증가하는 속도보다 훨씬 더 폭발적으로 증가합니다.*

토머스 로버트 맬서스라는 경제학자가 쓴《인구론》에서 "지수함수처럼 인구가 증가한다."라는 문장이 있습니다. 무시무시한 팬데믹(전염병의 유행)도 마찬가지로 지수함수지요.

 아, 그렇네요. 감염자 1명이 3명을 감염시키면 3명이 9명이 되고 9명이 27명에게 전파하고… 갑자기 확 와닿네요. 2^x와 x^2은 아주 차이가 크네요.

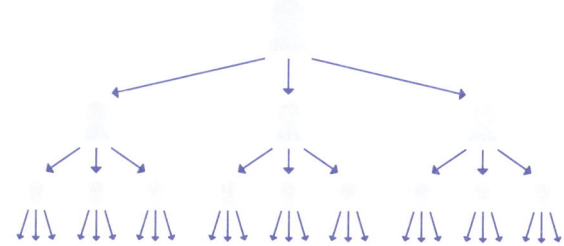

3^x으로 불어나는 감염자 수

 어마어마한 차이지요. 14세기에 번졌던 흑사병으로 유럽 인구의 절반이 줄어들었을 정도니까요. 인류의 새로운 적이 된 신종 코로나바이러스의 폭발적인 감염도 마찬가지입니다.

 '지수함수처럼'이라는 표현이 무시무시한 거군요. 말 그대로 천문학적으로 불어날 수 있다는 거잖아요.

 AI 관련 분야에서도 '지수함수처럼'이라는 표현이 자주 쓰입니다. 만약 AI가 인간에게 의지하지 않고 새로운 AI를 스스로 만들 수 있게 되면 기술 혁신은 지수함수처럼 향상되어 이제 인간은 이해할 수 없는 수준으로 단숨에 올라갈 거예요. 그것이 이른바 기술적 특이점이라고 불리는 것이지요.

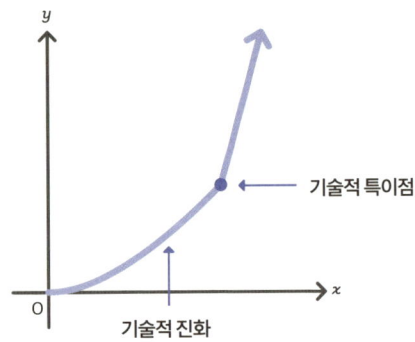

 조금 더 우리 삶과 가까운 '지수함수처럼'을 예로 들자면, 기업 경영자가 성과 목표를 말할 때 "매년 10%의 성장을 달성하겠습니다"라는 말도 사실 지수함수의 세계입니다. 딱히 배로 증가할 필요는 없습니다. 1년에 10% 성장이면 1.1제곱을 반복한다는 뜻이거든요.

 그건 식으로 어떻게 표현하나요?

 x가 '몇 년째'인지를 나타낸다고 하면 x에서 1을 빼서 계산하는 것은 불어나는 쌀알 이야기와 똑같습니다. 2년째에는 1.1이고 3년째에는 1.1^2이 되지요.

$$x\text{년째의 매출} \Rightarrow 1.1^{x-1} \text{배}$$

 그렇구나. 이야기가 연결되니까 재미있는데요?

그렇죠? 그 감각을 잊으면 안 됩니다. 우리가 사회에서 만나는 대부분 문제는 수학의 여러 아이템을 조합하면 풀 수 있어요. 사실 고등 수학에서도 이걸 맛볼 순 있지만 교과서에선 따로따로 가르치니 연결성을 잃고 공부의 목적도 잃어버리는 거지요.
'이런 공부를 대체 왜 하는 거지?'라는 의문이 가시질 않는 이유가 여기 있습니다. 그래도 지금 한 이야기 덕분에 지수함수와 등비수열과 데이터 과학의 연결 고리를 찾았네요.

쓸데없는 건 하나도 없군요!

✓ 로그함수는 부록으로 가볍게!

그럼 지수함수의 부록, 로그함수까지 일사천리로 진행해 볼까요? 저는 로그함수가 그렇게 중요하지 않다고 생각하지만, 기왕 지수함수를 다뤘으니 쉽게 이해할 기회를 놓칠 필요는 없지요.

좋습니다! 그런데… 로그함수라는 게 뭐였죠?

log를 쓰는 함수입니다. 혹시 몰라 당부하는데 '10그램'이라고 읽지 마세요. 하하.

(움찔) 아, 알고 있습니다. 로그라고 하죠? 교과서를 막막하게 들여다보던 기억이 주마등처럼 떠오르네요.

지수함수는 $y=3^x$ 같은 식이었지요. $y=$이라는 모양이 특징인데 x에 어떤 값을 넣으면 y를 계산할 수 있는 것이 지수함수입니다. 불어나는 쌀알을 예로 들면 x는 날짜 수고, y는 그날 받을 수 있는 쌀알의 수입니다. 다시 말해 '5일째에는 몇 알을 받을 수 있는가?'라는 계산을 할 수 있었다는 겁니다. 그럼 반대로 이런 계산도 가능했겠지요. '며칠째에 쌀알이 10만 알을 넘을까?'

그랬더라면 이 씨가 함부로 약속에 응하지 않았을 수도 있었겠군요.

그렇지요. 이렇게 처음부터 목표치인 y를 정하고 목표치에 도달했을 때의 x를 구하고 싶다면? 이런 형태의 함수를 수학에서는 **역함수**라고 합니다. 그리고 어떤 함수든 역함수가 존재합니다.

그럼 이차함수를 $x=$이라는 형태로 변형하면 그것도 역함수라고 할 수 있나요?

그렇습니다. 이차함수 $y=x^2$의 역함수는 루트를 씌우면 되니까 $x=\pm\sqrt{y}$ 입니다.

우와~ 그럼 지수함수에도 역함수가 있나요?

물론이지요. $y=2^x$이라는 식을 $x=$이라는 형태로 바꾸고 싶은 거지요?

$$Y = 2^x \rightarrow x = \boxed{?}$$

머릿속으론 금방 변형이 될 것 같았는데 눈앞에 식이 있으니 되질 않네요. 어떻게 역함수가 나오나요?

바로 그래서 log라는 특수한 기호를 쓰는 겁니다. log를 써서 $x=$이라는 형태로 바꾸면 이렇게 됩니다.

$$x = \log_2 Y$$

이게 무슨… 마법의 주문인가요?

이게 로그함수입니다. '밑이 2인 수를 거듭제곱한 값(y)이 되려면 몇 제곱(x)을 해야 할까?'라는 뜻입니다. 참고로 log는 Logarithm에서 유래했습니다.

✔ 로그함수만 있으면 천문학적 숫자도 뚝딱

로그함수도 표기법이 정해져 있습니다. log 오른쪽 아래에 밑을 적습니다. 2^x이라면 2가 밑이 되지요. 그리고 그 옆에 크게 y를 씁니다. 이 y는 실제로 x제곱을 했을 때 나오는 답입니다. 수학에서는 진수라고 합니다.

$$x = \log_2 Y$$
(2^x의 2에 해당하는 숫자) 밑 　 진수 (2^x의 값)

여기에 10만 알처럼 목표가 되는 숫자를 대입하는군요.

그렇습니다. 예를 들어 '2를 거듭제곱해서 4,096이 되려면 몇 제곱을 해야 할까?'가 궁금하다면 $x=\log_2 4096$이라고 식을 쓰고 계산기나 엑셀로 계산하면 됩니다.

엥? 계산기로 log가 계산이 된다고요?! 그런 건 본 적이 없는데…

 할 수 있습니다. 김수포 씨는 아이폰을 쓰시지요?

 네. (주섬주섬)

 계산기 앱을 열고 화면을 가로로 돌려 보세요.

 오… $<\log_{10}>$ 이라는 수상한 버튼을 발견했습니다.

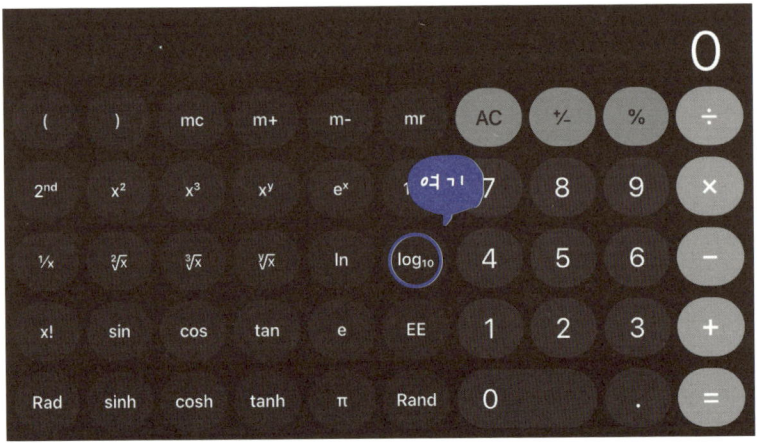

 그건 '10의 몇 제곱인가?'를 계산하는 버튼이니까 왼쪽 끝에 있는 $<2^{nd}>$ 라는 버튼을 눌러 보세요. 그러면 $<\log_2>$ 라는 버튼이 나옵니다.

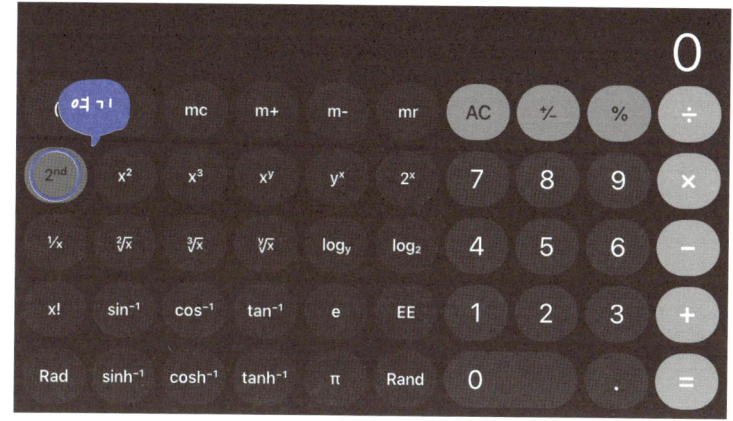

 오오! 나왔어요! 이런 게 숨어 있었다니!

 쓰려고 하지 않으면 보이지 않지요. 이 상태에서 4,096을 입력하고 <log₂> 버튼을 눌러 보세요.

 (문득) 생각해 보니 제가 함수 계산기로 log를 누르고 있네요! 저 지금 엄청 지적으로 보이지 않나요?

 (무시) 다시 말해서 log의 개념만 기억하면 이런 계산도 척척 할 수 있습니다.

 오오! 정답이 나왔습니다. 12! 2를 12제곱하면 4,096이 되는구나~ 계산기, 너란 정말 문명이 만들어 낸 엄청난 도구… (감격)

 이 로그는 존 네이피어라는 수학자가 400년도 더 전에 생각해낸 겁니다. 그가 평생을 바쳐 로그를 연구한 덕분에 우리 인류는 여러 가지 계산을 할 수 있게 된 거지요! 정말 대단하지 않습니까? (흥분)

존 네이피어(1550~1617)

네이피어… 휴지 이름 같기도 하고…(중얼)

 하하. 거인의 어깨에 탄다는 게 바로 이런 겁니다! 그들이 잘 다져 둔 길을 저희는 편하게 밟아 가기만 하면 되니까요. 존 네이피어 덕분에 엄청나게 큰 숫자도 일단 log 표기로 바꾸면 무지막지하게 계산하기가 쉬워지지요! (흥분)

 저… 한창 열변하시던 중 흐름을 끊어서 죄송하지만 대체 뭐가 편한지 이미지가 그려지질 않습니다.

 아! 그럴 수 있겠군요. 그럼 바로 식으로 살펴볼까요? 예를 들어 3^{5000}은 자릿수가 어마어마하게 많지요? 얼마나 큰 수인지 계산기도 화들짝 놀랄 겁니다. 바로 이때 log로 표기를 바꾸면 식 전체가 간소해지지요.

$$Y = 3^{5000} \rightarrow \log_3 Y = 5000$$

 (아리송)간단…해진 건가요?

 log로 표기를 바꾸면서 3^{5000}을 다루지 않고 5000이라는 숫자만 다룰 수 있게 된 겁니다. 다시 말해 자릿수가 많은 숫자는 계산하면서 log 표기로 바꿔 식을 계산하고 제일 마지막에 수치로 변환할 때 남은 log만 계산기로 계산하면 된다는 이야기입니다.

 호오! 그 큰 숫자를 눈으로 볼 필요가 전혀 없는 거군요!

 바로 그겁니다. log 덕분에 천체 역학이나 우주와 관련된 계산이 월등하게 간단해졌습니다.

그런데… 솔직히 저는 일상생활에서 천문학적인 숫자를 다룰 일이 없는데요. 기껏해야 아이 분유 탈 때 '물을 몇 미리 타야 하는가'를 고민하는 정도…

앞서 로그함수가 중요하지 않다고 말했던 이유가 바로 그겁니다. 보통은 쓸 일이 없으니까요.

꽤 솔직하시군요. 쓸 일이 없어도 시험치려면 외워야 한다는 식으로 배우는 데 익숙해져 버린 건지…

하하. 우리는 인생에 필요한 수학을 지향하고 있으니까요. 게다가 log는 큰 숫자를 다른 형태로 나타내기 위한 규칙에 불과하기 때문에 독자적으로 특별한 공식이 있는 것도 아닙니다. 중요한 건 지수함수지요. 로그함수는 지수를 바꿔 말한 것뿐이니까 웬만해선 지수함수로 끄적이는 것만으로 어떻게든 됩니다.

그럼 지수함수만 마스터해도 로그함수가 딸려오는 거군요.

그렇게도 볼 수 있겠네요. 하하. 로그함수는 '천문학자가 쓰는 편리한 도구구나', '지수함수의 역함수였구나' 정도로만 생각하면 충분합니다.

✓ 지수함수와 음악의 깊은 관계

 사실 지수함수가 유용하다곤 하지만 얼마나 유용한지 아직 체감은 못하고 있습니다.

 그럼 지수함수의 예로 꼭 소개하고 싶은 게 있습니다. 바로 음악입니다.

 음악이요? 음악이랑 수학이 관계가 있나요?

 아주 깊은 관계를 맺고 있지요. 지수함수가 없었으면 서양 음악은 없었을 겁니다.

 위험한 발언이신데…

 장담할 수도 있습니다. 왜냐면 '도레미파솔라시도'도 존재하지 않았을 테고 악보도 없었을 테니까요. 피아노 건반을 떠올려 보세요. '도'부터 1옥타브 높은 도 밑의 '시'까지 흰 건반이 7개, 검은 건반이 5개로 총 12개의 건반이 있지요. 이 건반이 오른쪽으로 갈수록 음이 점점 높아집니다.

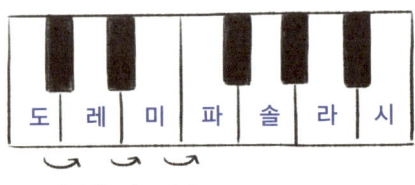

점점 음이 높아진다

피아노는 잘 모르지만 그건 압니다. 음악 시간에 뭣도 모르면서 뚱땅거리곤 했는데…

 여기서 중요한 건 음의 높이가 대체 무엇으로 정해지는가입니다. 바로 주파수, 즉 1초당 진동수입니다.

 피아노를 두들기면서 한번도 그렇게 생각해 본 적은 없었던 것 같은데요. 응당 누르면 소리가 나겠거니 했을 뿐…

 아마 피아노 안을 들여다본 적이 있다면 아실 텐데요. 우리가 피아노 건반을 누르면 뒤쪽의 해머라는 부품이 움직여 그 건반과 연결된 현을 때립니다. 그리고 현이 흔들리면서 소리가 나는데 이 현이 1초 동안 몇 번 진동하는가가 바로 주파수입니다.
주파수가 많을수록 음이 높아지지요. 주파수를 나타내는 단위는 헤르츠(Hz)라고 하는데, 현재는 건반 중앙에 있는 '라'의 주파수를 440Hz로 하는 것이 국제 표준입니다.

 그럼 옥타브가 올라갈수록 주파수가 무진장 높아지겠군요.

 그렇지요. 1옥타브가 높아지면 주파수가 2배가 됩니다. 2옥타브 높은 음은 2^2이니까 주파수가 4배, 3옥타브는 2^3이니까 8배군요.

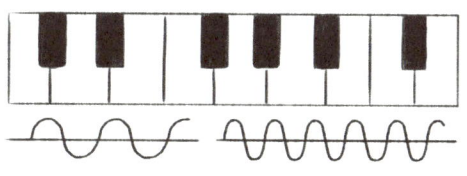

1옥타브 높아지면 주파수는 2배!

오~ 재미있네요! '도레미파솔라시도'를 차례대로 누르면 조금씩 음이 높아진다는 느낌만 드는데 말이에요.

귀로는 그렇게 들리지만 지수함수로 따지면 음이 높아질수록 진동 폭이 촘촘해지지요. 이 이론을 처음 만든 사람이 '피타고라스의 정리'로 유명한 그 피타고라스입니다.

피타고라스
(기원전 582~기원전 496)

아~ 이 익숙한 이름과 얼굴! 중학 과정에서 배우는 기하의 끝판왕이잖아요!

용케 기억하고 있었군요! 피타고라스는 수학자이지만 음계를 만들기도 했지요. 대장간의 망치 두드리는 소리를 듣고 음계를 만들었다고 해요. A라는 소리와 B라는 소리가 겹치는 순간 조화로운 음이 들린다는 걸 깨달은 것이지요. 그리고 망치질 소리에서 망치의 무게에 따라 규칙성이 있다는 사실을 알아냈어요.

그걸 포착하다니. 수학에만 특출난 줄 알았는데 듣는 귀도 뛰어났군요.

심지어 1옥타브 올라가면 주파수가 2배가 된다든가 '솔'의 주파수가 '도'의 주파수의 1.5배라는 것 등 모두 피타고라스가 정리한 규칙이지요. 이것이 피타고라스 음계라는 겁니다. 그런데 거기에 이의를 제기한 사람이 있습니다. 그 유명한 바흐입니다.

요한 제바스티안 바흐
(1685~1750)

음악계 거장의 등장!

사실 피타고라스는 음계의 주파수를 생각할 때 지난번에 설명했던 조화 평균(2일째 4교시 참고)이라는 계산법을 사용했습니다. 80과 60의 평균을 $\frac{1}{80} + \frac{1}{60}$로 계산한 거지요.

와… 음계조차 계산으로…(절레절레)

문제는 조화 평균으로 음계를 구하면 깔끔한 등비수열이 되지 않는다는 겁니다. 끝수가 어중간하게 되지요. 바흐가 이의를 제기한 부분이 바로 여기였습니다. '1옥타브=주파수 2배'라는 기본은 남겨 두되 12개의 음계를 깔끔한 등비수열이 되도록 조정했습니다. 이게 현대 음악의 주류가 된 평균율이지요.

설마 여기서 등비수열이 나올 줄이야!

 지수함수는 매번 같은 숫자를 곱하니까 반드시 등비수열이 되지요. 다시 말해 바흐는 12제곱을 했을 때 진동수가 2배가 되도록 음계를 조정하고 싶었던 것입니다.

 이걸 식으로 표현할 수도 있나요?

 물론이지요. 음계의 주파수를 식으로 쓰면 이렇습니다.

$$x,\ xr,\ xr^2,\ xr^3,\ xr^4,\ \ldots\ldots,\ xr^{12}$$

 여기서 가장 오른쪽에 있는 xr^{12}이 $2x$가 되어야 하니까 $xr^{12}=2x$라는 식을 풀어서 공비 r을 계산해야 했던 겁니다. 여기서 양변을 x로 나누면 $r^{12}=2$라는 방정식이 됩니다.

$$xr^{12} = 2x$$
$$\boxed{r^{12} = 2}$$ 이걸 풀면 등비수열의 공비 r을 알 수 있다!

 자, 어떻게 푸는지 기억나나요?

 (딴청)

 힌트를 드리지요. 양변에 $\frac{1}{12}$ 제곱을 해보세요.

왜… 왜 갑자기 $\frac{1}{12}$제곱을?(어리둥절)

$$r^{12} = 2$$
$$(r^{12})^{\frac{1}{12}} = 2^{\frac{1}{12}}$$
$$r = 2^{\frac{1}{12}}$$

양변에 $\frac{1}{12}$제곱을 한다.

 좌변을 r=이라는 형태로 만들어야 하니까요. 해볼까요? 좌변은 $(r^{12})^{\frac{1}{12}}$이 되고 우변은 $2^{\frac{1}{12}}$이 됩니다. 여기서 좌변이 어떻게 생겼는지 유심히 봐 주세요. 거듭제곱의 거듭제곱은 지수끼리 곱셈을 하는 것이었지요? 그러면 좌변에는 r만 남고 우변은 $2^{\frac{1}{12}}$이 됩니다. 이게 바흐가 생각한 평균율의 공비입니다.

 바흐… 이 위대한 사람…

✔ 지수함수를 아이폰으로 계산하는 방법

 저… 그런데 선생님? $2^{\frac{1}{12}}$? 2가 $\frac{1}{12}$을 업고 있는 부분이 혼란스럽습니다.

 그럼 계산기를 켤 때가 됐군요. 다시 아이폰 계산기 앱을 켜볼까요?

 (주섬주섬)매번 느끼지만 이상하게 계산기로 문제를 푸는 데 죄의식이 느껴지네요.

시험 문제가 아니기 때문에 전혀 불편해할 이유가 없습니다. 하하. 자, 아이폰 <화면 회전 고정>을 해제하고 계산기를 가로로 돌려 함수 계산기 모드로 바꿔 주세요. 그런 다음 <2nd> 버튼을 누르면 밑이 2인 거듭제곱을 계산해 주는 <2^x>라는 버튼이 표시됩니다.

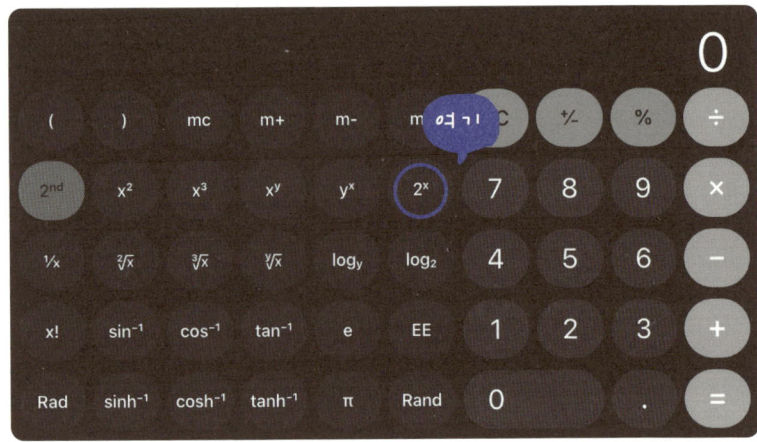

x에 들어가는 $\frac{1}{12}$(즉, $1 \div 12$)을 계산한 다음 <2^x> 버튼을 눌러 보세요.

오오! 나왔어요! 1.0594630……!

잘했습니다. 즉, 평균율의 공비는 약 1.06이라는 겁니다. 투자로 말하면 연금리 6%로 운용했을 때 12년 후에는 2배가 된다는 뜻이지요.

호오… 신기하네요. 그럼 음악을 공부한 사람들은 이 1.06이라는 신기한 숫자의 존재를 알고 있다는 거군요?

그렇지요. 이 숫자는 등비수열과 지수함수로 계산되지요. 이렇게 고등 문과 수학의 함수가 깔끔하게 끝났습니다!

4일째

고등 문과 수학의 '기하'를 최단기간에 마스터하라!

더는 헤매지 않겠다! '삼각비'

고등 수학 과정에서 수포자 양성의 주범이었던 '삼각비(sin, cos, tan)'. 따라가려다 절망하며 책을 덮었던 기억이 있을 텐데요. 사실 전혀 어렵지 않습니다. 바로 이 '작법'만 외우면 말이에요!

✓ 코사인 정리로 삼각형 마스터하기

이제 대수, 해석까지 끝냈으니 기하만 남았군요. 어느새 여기까지 오다니…(감격) 중학 수학에서 기하의 끝판왕은 피타고라스의 정리였죠.

고등 문과 수학에서 기하의 끝판왕도 피타고라스의 정리와 연결되어 있습니다. 확장 버전이라고도 볼 수 있는 코사인 정리지요. 덧붙이자면 고등 이과 수학은 여기서 더 나아가 벡터의 끝판왕도 있는데 벡터는 방과 후 특강에서 간단하게 다루고 오늘은 코사인 정리를 끝내 봅시다!

저… 그런데 피타고라스의 정리가…(머뭇)

피타고라스의 정리를 간단히 복습해 보자면, 직각삼각형에서 제일 긴 변의 길이를 c라고 하고 다른 두 변의 길이를 a와 b라고 했을 때 $a^2+b^2=c^2$이라는 간단한 식이 기적처럼 성립한다는 거였지요.

중학 수학 과정에선 3가지 패턴으로 이걸 증명했지만, 고등 수학 과정에선 수준을 높여 직각삼각형 외의 삼각형을 다룹니다. 어떤 모양의 삼각형이든 세 변의 관계를 식으로 나타내는 것. 이게 목표입니다. 그 관계성을 나타내는 공식을 코사인 정리라고 합니다.

호오 어떤 모양의 삼각형이든 가능하다는 건가요? 듣기만 해도 엄청 유용할 것 같은데요.

그렇지요? 실제 교과서에서는 그밖에도 자잘한 것들을 공부하는데, 이 중 압도적으로 중요한 것이 코사인 정리입니다. 코사인 정리의 식에 직각삼각형을 대입하면 피타고라스의 정리도 이끌어 낼 수 있기 때문이지요. 코사인 정리 안에 피타고라스의 정리가 포함되어 있는 겁니다.

우와! 범용성이 더 높겠군요. 그럼 이 식만 외워 두면 피타고라스의 정리까지 식은 죽 먹기…

(단호) 공식은 외울 필요 없습니다.

아차, 공식이 없어도 스스로 코사인 정리를 이끌어 낼 수 있도록 힘을 기르는 게 목표였죠.

바로 그겁니다. 그러기 위해 가장 필요한 아이템이 삼각비입니다. 문과의 원수인 사인(sin), 코사인(cos), 탄젠트(tan)이지요.

(삐질)이름만 들어도 식은땀이 나는데요.

쉽게 이해하는 비결이 있으니 걱정 마세요. 코사인 정리와는 별개로 삼각비를 사용한 삼각함수라는 것도 고등 수학 과정의 해석 영역에서 다루는데요. 먼저 삼각비를 공부할 테니 코사인 정리가 끝나면 후다닥 끝냅시다.

✔ 대박사식 삼각형을 그리는 방법

 그럼 코사인 정리라는 산꼭대기에 오르기 전 준비를 시작해 볼까요? 먼저 직각삼각형의 세 변에 a, b, c라는 이름을 붙이겠습니다. 그리고 각 변의 길이도 a, b, c라고 하겠습니다. 중학 수학까지는 직각삼각형을 어떻게 그리든 자유였지만 고등 수학부터는 규칙이 있습니다. 이 규칙을 기억하세요.

먼저 직각이 오른쪽 아래에 오도록 그리는 것이 가장 중요합니다. 만약 왼쪽 위나 왼쪽 아래 또는 오른쪽 위에 직각이 있는 삼각형은 오른쪽 아래에 오도록 다시 그려야 합니다.

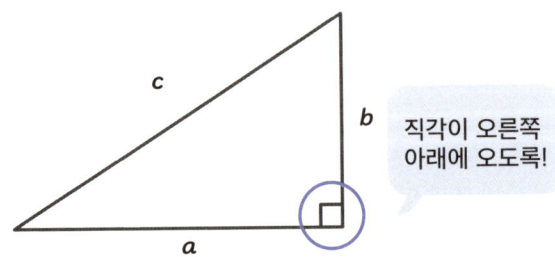

 그런 것까지… 시작부터 무척 귀찮군요.

하하. 하지만 규칙을 따르지 않으면 괜한 손해를 보게 됩니다.

그럼 따르겠습니다! 제가 무슨 힘이 있나요.(중얼)

나중에 알게 되겠지만, 여기서 이 규칙을 외워 두지 않으면 삼각비 때문에 혼란에 빠질 겁니다. 금기를 어기고 이 책을 읽는 중학생들은 이 규칙을 습관처럼 익혀 놔야 고등학교에 들어가서 편해집니다.

✔ 사인, 코사인, 탄젠트는 변의 비

그렇게나 중요한 거였군요. 머리에 콱 박았습니다! 직각이 오른쪽 아래…

좋아요. 이 규칙을 잘 익혔다는 전제하에 다음 규칙으로 넘어가겠습니다. 다음 규칙에서 주목해야 할 부분은 a, b, c 세 변의 길이의 비입니다.

비요? 비율의 비?

네. 비율이라고 해도 좋습니다. 예를 들면 $\frac{a}{c}$는 수학에서 코사인(cos)이라고 합니다. $\frac{b}{c}$는 사인(sin), $\frac{b}{a}$는 탄젠트(tan)라고 합니다.

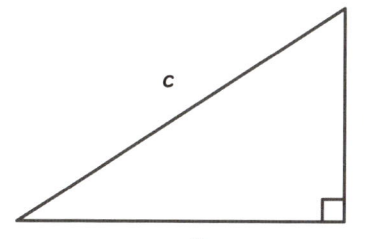

 아, 나오고 말았구나. (탄식)

 아직 어려운 얘긴 나오지도 않았습니다. $\frac{a}{c}$는 변a의 길이를 변c의 길이로 나눈 것, 다시 말해 양변의 비지요. 그 비를 코사인이라고 부른다는 말을 한 것뿐입니다.

 음~ 코사인이 비율이군요.

 사인, 탄젠트도 마찬가지입니다. 그래서 삼각비라고 합니다. 변의 비율이지요.

 그럼 그냥 단순히 비율인데 왜 그렇게 헷갈렸을까요…

 사인이 어느 변과 어느 변을 나눴는지, 탄젠트가 어느 변과 어느 변을 나눴는지가 헷갈리면서 혼란이 시작되는 거지요.

 (눈물) 이건 그냥 열심히 외우는 방법밖에 없나요?

 외우기는 간단합니다. 먼저 첫 번째 규칙 기억나지요? 오른쪽 아래에 직각을 두고 시작합니다. 코사인은 삼각형의 바깥 둘레를 따라 영어로 c라고 씁니다. 그러면 변c를 지나 변a로 가지요? 이때 머릿속으로 'c분의 a'라고 새기세요. 먼저 지나는 쪽이 분모고 나중에 지나는 쪽이 분자입니다.

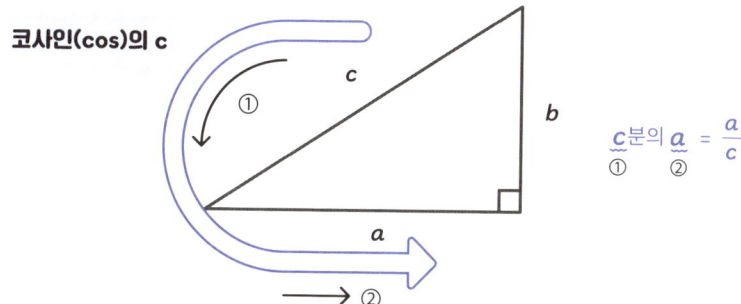

 오? 그럼 사인은요?

 사인은 s의 아랫부분을 그린다고 생각하세요. 그러면 변c를 지난 다음 변b로 가지요? 그러니까 c분의 b입니다.

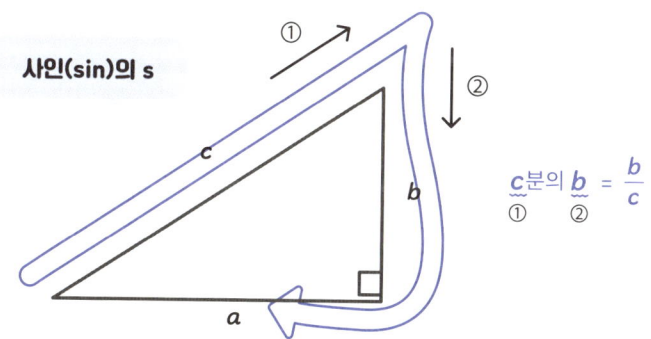

 엇, 그럼 탄젠트는 t⋯?

맞습니다! 소문자 t를 아래에서부터 그린다고 생각하세요. 변a를 지난 다음 변b로 가지요? 그래서 a분의 b입니다.

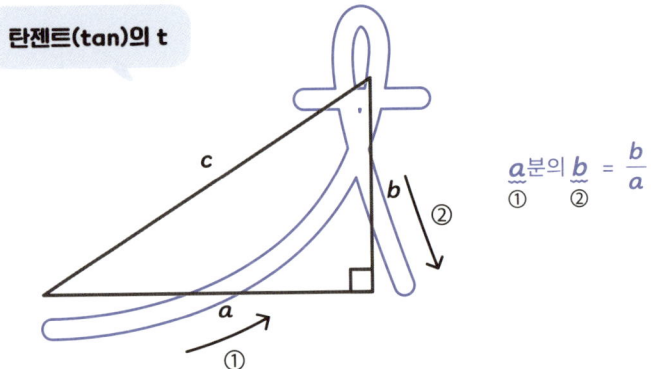

 단어랑 연결되니 외우기가 한결 쉽네요!

 다시 말하지만 이 관계는 직각삼각형에서만 그리고 직각을 오른쪽 아래에 뒀을 때만 성립합니다. 그러니 삼각형 직각이 오른쪽 아래에 없다면 귀찮더라도 다시 그리는 게 삼각비를 떠올리기 훨씬 편할 겁니다.

탄젠트의 존재는 잊어라!

 아, 김수포 씨가 좋아할 만한 소식을 하나 드려야겠군요. 탄젠트는 별로 중요하지 않으니 잊어버리세요.

 네?! 아니… 삼각비의 한 귀퉁이를 차지하고 있는 중요한 녀석 아니었나요? (내적 기쁨)

하하. 표정 관리를 못하는 편이시군요. 사실 탄젠트는 사인과 코사인으로 나타낼 수 있기 때문입니다. 좀 더 자세히 설명드릴게요. 자, 탄젠트의 식은 $\frac{b}{a}$였지요. '변a에 대해 변b의 길이가 몇 배인가'를 나타내는 식입니다. 한편, 코사인은 '변c에 대해 변a의 길이가 몇 배인가'를 나타내고, 사인은 '변c에 대해 변b의 길이가 몇 배인가'를 나타냅니다. 혹시 뭔가 반복되는 걸 눈치 채셨나요?

 (멍-) 아! 혹시 변c가 공통으로 들어간다는 것?

 그렇습니다! 코사인도 사인도 변c에 대해 몇 배인지를 나타내는 비율이지요. 즉, 코사인과 사인의 비율은 변a와 변b의 비입니다.

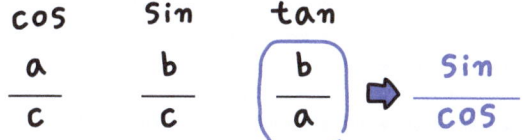

탄젠트는 사인과 코사인의 표기로 바꿀 수 있다!

 예를 들어 A, B, C라는 3명의 학생이 있다고 가정해 보겠습니다. A 학생의 키는 C 학생의 1.2배고 B 학생의 키는 C 학생의 0.9배입니다. 이때 A 학생과 B 학생의 키의 비율은 몇 대 몇일까요?

 1.2:0.9입니다!

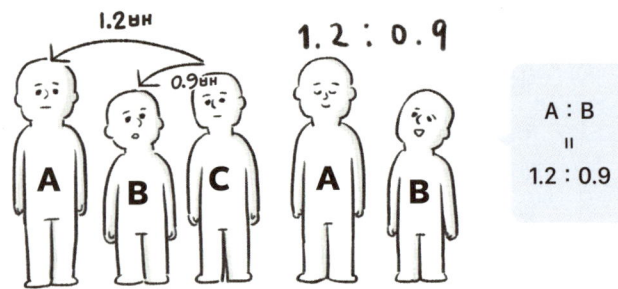

 그렇습니다. 삼각비로 치면 탄젠트는 A 학생과 B 학생을 직접 비교한 결과입니다. 그런데 C 학생과 각각 비교한 데이터가 있으니까 그걸 쓰면 되는 것이지요.
사인과 코사인의 개념을 고등 수학에서 배우는 건 큰 의미가 있지만 탄젠트는 사실 과잉 정보입니다. 그러니 우리도 생략합시다!

 이럴 수가. 교과서에 뒤통수를 맞은 기분이에요. 그렇게 열심히 외웠는데!(싱글벙글)

 뒤통수를 맞은 사람치곤 상당히 표정이 밝으신데요.

직각삼각형의 정의에 필요한 θ(세타)

 탄젠트를 빼면 한결 가볍긴 하지만 삼각비가 이렇게 끝나버리면 마무리가 좋지 않아요.

 안 돼…

코사인은 변a와 변c의 비를 나타내는 표기라는 건 알았지만, '어떤 직각삼각형인가?'라는 정보가 없습니다. 직각삼각형 중에는 변a가 이상하게 긴 것도 있고 변b가 긴 것도 있으니까요. 그럼 '어떤 직각삼각형인가?'를 나타내려면 어떻게 해야 할까요?

 음… 거기까진 전혀 생각해 본 적이 없습니다! (해맑)

 자, 우리는 오른쪽 아래에 직각이 오는 직각삼각형을 전제로 했지요. 그렇다면 나머지 2개의 꼭짓점 중 하나라도 각도가 정해지면 그 삼각형의 형태를 알 수 있습니다. 3개의 내각을 더하면 180도가 된다는 게 삼각형의 성질이니까요.

 아! 초등학교 때 배웠던 것 같은데 완전히 잊고 있었네요.

 여기서 또 수학의 법칙이 나옵니다. 직각삼각형의 직각을 오른쪽 아래에 뒀을 때 왼쪽 아래의 각도, 다시 말해 변c와 변a에 끼인각의 각도지요. 이 각도를 θ(세타)라고 부릅니다.

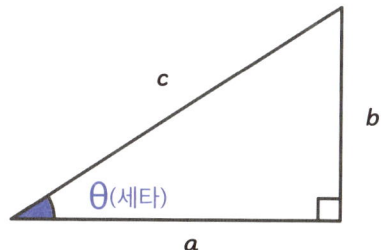

 그리고 θ를 sin, cos의 오른쪽에 씁니다. 이게 삼각비에서 삼각형을 올바르게 표기한 겁니다.

$$\frac{a}{c} = \cos\theta$$
$$\frac{b}{c} = \sin\theta$$

세타… 왠지 중요한 역할을 할 것 같은 냄새가 나는데요. 엇, 그런데 오른쪽 위의 각인지 왼쪽 아래의 각인지 헷갈릴 것 같은데요.

오른쪽 위인지 왼쪽 아래인지 헷갈리면 단순하게 '왼세타!'라고 외우세요.

왼세타! 마치 먼 나라 어느 부족의 이름 같은 느낌이 드네요. 그럼 직각을 오른쪽 아래에 오도록 두는 건 '오직각'이라고 외우면 되겠네요. 오직각, 왼세타… 오직각, 왼세타…

하하. 예를 들어 직각이등변삼각형이면 θ는 45°입니다. 이때 변c와 변a의 비율을 기억하나요?

아… 무슨 루트가 들어간 그거 말씀이신가요?

맞습니다. $\sqrt{2}$: 1입니다. 그래서 $\cos 45° = \frac{1}{\sqrt{2}}$이라고 쓸 수 있지요.

호오! θ에 값을 대입해도 되나요?

물론입니다. x, y와 마찬가지로 값을 모를 때는 θ를 그대로 두고 값을 알 때는 각도를 넣으면 됩니다.

그럼 sin55°일 때는 실제 값을 어떻게 계산하나요?

 간단합니다! 우리에겐 함수 계산기가 있으니까요!

 아! (깨달음)

 사인, 코사인, 탄젠트 버튼은 함수 계산기에 꼭 있으니까 55, sin을 차례대로 누르면…

 아! 잠깐, 잠깐만요! 제가 직접 해볼게요. sin55°면… 0.819…! 계산기란 여간 사랑스러운 게 아니군요.

 그런데 시험을 칠 때라든가 계산기를 쓸 수 없는 상황이 있을 수도 있으니 대표적인 몇 가지는 암기해 두는 게 좋지요. 최소한 이 정도 값은 기억해 두면 훨씬 수월할 겁니다.

기억해야 할 삼각비

$$\sin 30° = \frac{1}{2} \qquad \cos 30° = \frac{\sqrt{3}}{2}$$

$$\sin 45° = \frac{1}{\sqrt{2}} \qquad \cos 45° = \frac{1}{\sqrt{2}}$$

$$\sin 60° = \frac{\sqrt{3}}{2} \qquad \cos 60° = \frac{1}{2}$$

이런 식으로♪

 왠지 낯이 익은 게 구면 같은데요. 피타고라스의 정리를 배울 때 다뤘었나?

그렇습니다! θ가 30°, 45°, 60°인 직각삼각형은 비를 깔끔하게 나타낼 수 있으니까 세 변의 비는 외워 두는 편이 빠르고 더 확실하지요. 다음 그림을 잘 보면서 대표적인 삼각비를 외워 보세요.

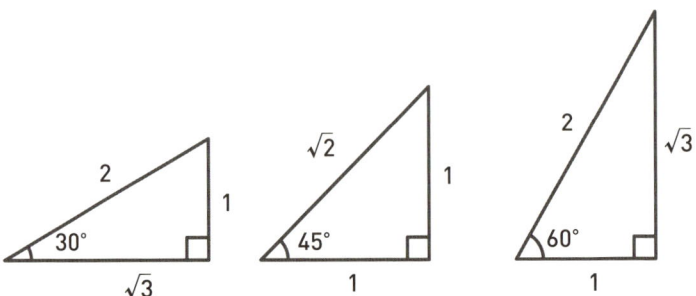

이런 함정 문제, 꼭 있다!

 벌써부터 왠지 가볍게 삼각비를 끝낸 느낌입니다. 교과서 문제도 술술 풀릴 것 같아요.

 하지만 함정은 어디에든 존재하지요. 특히 문제집에는 짓궂은 문제가 많아서 이런 삼각형과 함께 "cosθ를 구하시오." 같은 문제가 자주 나옵니다.

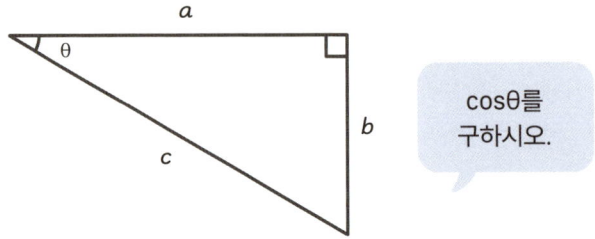

어떻게 풀어야 할지 감이 오시나요?

 음… 일단 직각이 오른쪽 아래에 와야 하죠! 그럼 시계 방향으로 90° 돌리면…

 함정에 빠졌군요. 하하. 그렇게 하면 θ가 오른쪽 위에 오게 되지 않습니까. 아까 '윈세타'라고 외웠는데 말이지요!

 아!

 정답은 삼각형을 위로 뒤집는 것입니다. θ는 윈세타였지요. 거기에 원래 삼각형에 해당하는 변이나 각도를 적어 넣습니다. 이렇게 밑그림을 그려 두면 이제 삼각비가 나올 차례입니다.

 음… c니까 c분의 a겠네요.

 그렇습니다. $\cos\theta = \dfrac{a}{c}$가 정답입니다.

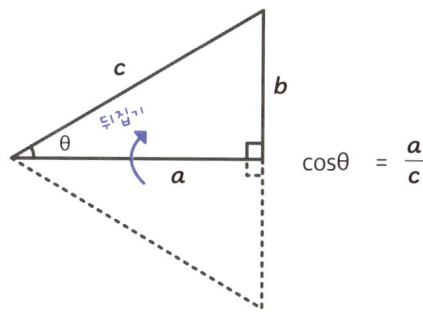

191

자, 그래서 귀찮더라도 다시 그리는 게 중요한 겁니다. 그리고 사실 냉정하게 말하면 고등학교에서 배우는 삼각비 문제는 위치만 잘 잡아서 다시 그리면 간단히 풀 수 있어요. 이렇게 삼각비 설명을 마치겠습니다!

삼각비(사인, 코사인, 탄젠트)는
오직각(오른쪽 아래 직각),
왼세타(왼쪽 아래 세타)로
한 방에 해결!

간단하죠?

 ## 손쉽게 코사인 정리 이끌어 내기

삼각비를 이해했으니 이제 문과 고등 수학의 기하 끝판왕인 '코사인 정리' 증명을 가볍게 끝내 봅시다!

☑ 삼각비로 할 수 있는 것

 저, 선생님. 이제 삼각비라는 아이템을 얻었는데 어디다 써먹으면 좋을까요? 얼른 휘둘러 보고 싶습니다!

 삼각비로 고등 수학에서 할 수 있는 건 크게 2가지입니다. 하나는 해석의 영역에 해당하는 삼각함수고(이건 나중에 좀 더 자세히 다룰게요) 다른 하나는 기하의 영역에 해당하는 코사인 정리입니다. 어떤 모양의 삼각형이든 세 변의 관계를 식으로 나타낼 수 있도록 하는 거지요.

 아! 코사인 정리! 우리의 목표였죠?

 그렇지요. 먼저 코사인 정리를 해보겠습니다. 코사인 정리를 예전엔 여현 정리라고도 불렀어요.

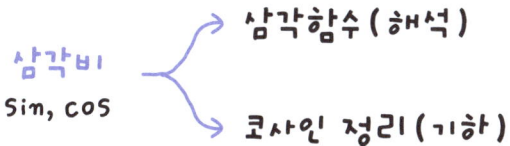

여현 정리요? 그게 대체 뭔가요?

여현이 바로 코사인입니다. 예전엔 사인(sin)을 정현이라고 하고 코사인(cos)을 여현이라고 불렀거든요. 그래서 코사인 정리를 여현 정리라고도 합니다.

그럼 사인 정리라는 것도 존재한다는 말씀이신가요?

있는데 무시하세요. 하하. 지금 우리에게 중요한 건 코사인 정리입니다. 앞서 코사인 정리는 피타고라스의 정리를 확장한 버전이라고 했었지요? 그래서 피타고라스의 정리보다 훨씬 더 편리합니다! 그럼 삼각비로 코사인 정리를 한 방에 증명해 볼까요?

✓ 코사인 정리 이끌어 내기 ① 밑그림 준비

먼저 PQR이라는 삼각형을 그려 볼게요.

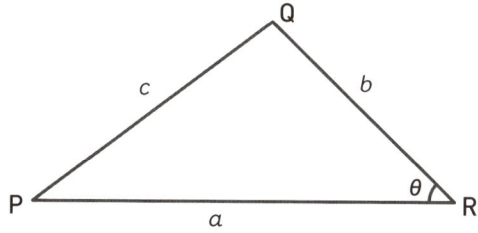

벌써 삼각비에 길들여진 건지 직각을 찾게 되네요. 그런데… 없…?

 네, 직각이 아무 데도 없지요. 하지만 세 변의 관계식을 구해야 합니다. 게다가 얄궂게도 오른쪽 아래에 θ가 있어요.

 음… (손대지 말자)

 벌써 마음의 문을 닫진 마세요. 하하. 손을 못 댈 것 같은 문제를 푸는 가장 좋은 방법은 손을 움직이는 겁니다.

 오~ 왠지 받아 적어야 할 것 같은 말인데요.

 긴말 필요 없이 손을 움직여 봅시다! 일단 점Q에서 변a를 향해 수선을 그려 보세요. 그리고 그 수선의 길이를 h로 두겠습니다. 그러면 원래 있던 삼각형이 2개의 직각삼각형으로 나뉘지요.

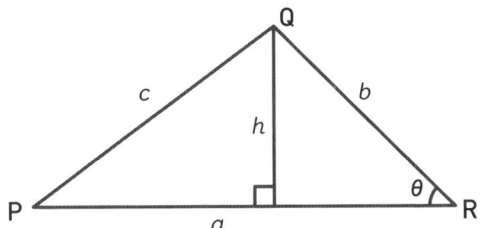

 오? 그토록 보고 싶던 직각이…

 자, 보조선 오른쪽에 생긴 직각삼각형을 먼저 볼까요? 직각도 있고 θ도 있네요. h와 b의 관계를 삼각비로 나타내 볼까요?

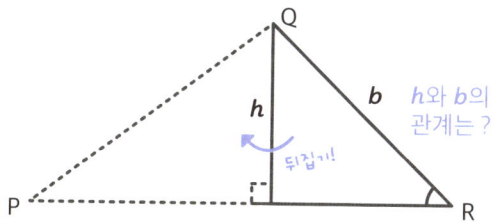

갑자기 무척 혼란스러워요, 선생님.(안절부절)

함정에 빠지지 않도록 정신 바짝 차리셔야 합니다. 좀 전에 열심히 외웠죠? 왼세타, 오직각!

이 규칙에 따라 직각이 오른쪽 아래, θ가 왼쪽 아래에 오도록 삼각형을 다시 그려 보세요. 이 삼각형은 왼쪽으로 뒤집기만 하면 되겠네요. 그러면 b를 지나 h로 가기 때문에…

(번뜩) 앗, 사인(sin)이네요!

그렇습니다!

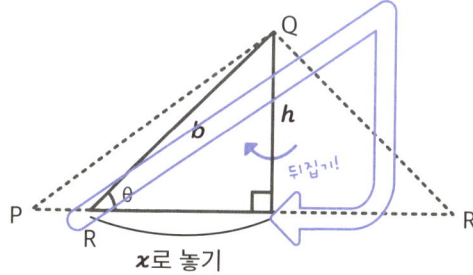

밑그림①

$$\sin\theta = \frac{h}{b}$$

일단 여기서 $\sin\theta = \dfrac{h}{b}$ 라는 식이 세워졌지요? 이 식은 우선 머릿속에 저장해 두고 이번에는 왼쪽으로 뒤집은 직각삼각형의 밑변 길이를 x로 놓아 볼까요? 이때 b와 x의 관계성을 삼각비로 나타내면 어떻게 될까요?

 b를 지나 x로 가는 건… 코사인(cos)!

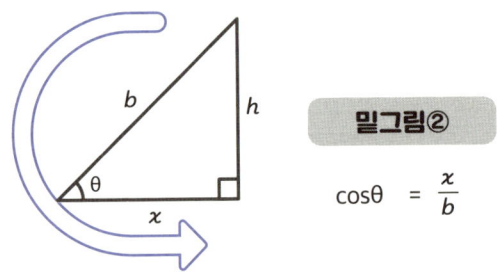

 자! 이렇게 $\cos\theta = \dfrac{x}{b}$ 라는 식이 만들어졌습니다. 이렇게 밑그림 준비가 끝났군요.

 왼세타, 오직각이 이렇게나 유용하다고?! 기특한 녀석들…(글썽)

✓ 코사인 정리 이끌어 내기② 식을 세우고 풀기

 아직 기뻐하긴 일러요. 이제 밑그림 준비가 끝난 거니까요. 이번에는 왼쪽에 있는 직각삼각형을 볼까요? 이 삼각형의 높이는 h입니다. a에서 x를 빼면 밑변이 나오니까 $a-x$라고 쓸 수 있겠네요. 제일 긴 변의 길이는 c입니다.

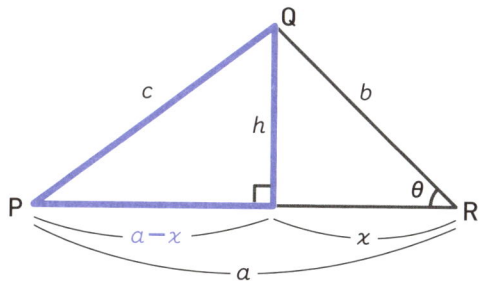

 이걸 피타고라스의 정리에 대입해 보겠습니다.

$$(a - x)^2 + h^2 = c^2$$

 저… 이건 왜 하는 거였죠?

 마지막에 피타고라스의 확장인 a, b, c의 관계식을 이끌어 내기 위해서 하는 겁니다.

 기분 탓인지 모르겠지만 왠지 낯선 기호가 더 늘어난 것 같은데요.

 바로 이때 밑그림을 준비하면서 저장해 뒀던 식을 활용합니다. $(a-x)^2 + h^2 = c^2$이라는 식에서 x와 h를 쓰지 않는 표기로 바꾸겠습니다.

 오오!(기대)

 먼저 x는 앞에서 $\cos\theta = \dfrac{x}{b}$라는 식을 세웠지요. 이 식의 양변에 b를 곱하면 $x = b\cos\theta$가 됩니다.

밑그림② $\cos\theta = \dfrac{x}{b}$ ← 양변에 b를 곱한다.

$b\cos\theta = x$

$x = b\cos\theta$

다음으로 h. $\sin\theta = \dfrac{h}{b}$ 라는 식을 세웠지요. 여기도 양변에 b를 곱하면 $h = b\sin\theta$가 됩니다.

밑그림① $\sin\theta = \dfrac{h}{b}$ ← 양변에 b를 곱한다.

$b\sin\theta = h$

$h = b\sin\theta$

오오! 이것은…? 뭔가 신나기 시작했습니다!

보이기 시작한 모양이군요. 마무리로 $(a-x)^2 + h^2 = c^2$의 x와 h를 각각 $b\cos\theta$와 $b\sin\theta$로 변환합니다.

$(a - x)^2 + h^2 = c^2$ ← 왼쪽 직각삼각형의 변의 관계를 피타고라스의 정리로 나타낸 식

$(a - b\cos\theta)^2 + (b\sin\theta)^2 = c^2$

↑ x와 h를 변환한 식

이제 이 식을 풀면 되겠지요? $(a-b\cos\theta)^2$을 전개하는 방법은 중학 과정에서 배웠는데 기억나시나요?

 …갑자기 기분이 다운되네요.

 포인트를 살짝 짚자면 $(p-q)^2$은 $p^2-2pq+q^2$으로 전개할 수 있습니다.

> **여기가 포인트!**
>
> $$(p - q)^2 = p^2 - 2pq + q^2$$

$$(a - b\cos\theta)^2 + (b\sin\theta)^2 = c^2$$

$(p-q)^2$은 $p^2-2pq+q^2$으로 전개할 수 있다.

$$a^2 - 2ab\cos\theta + b^2\cos^2\theta + b^2\sin^2\theta = c^2$$

 참고로 삼각함수는 $b^2\sin^2\theta$처럼 sin과 θ 사이에 지수를 쓰는 것이 일반적입니다. θ 뒤에 쓰면 θ^2이라는 각의 sin이라고 읽히므로 주의하세요.

 음? $b\sin^2\theta$가 아닌가요?

 그렇게 하면 의미가 달라집니다. 예를 들어 $(3\times4)^2$은 $3^2\times4^2$이잖아요. 3×4^2이 아니지요.

 아~ $b\sin\theta$를 2번 곱해야 하는 거군요.

그렇습니다. 그런데 아직 식이 지저분하니 좌변에 있는 $b^2\cos^2\theta + b^2\sin^2\theta$ 부분을 b^2으로 정리해 봅시다.

$$a^2 - 2ab\cos\theta + b^2\cos^2\theta + b^2\sin^2\theta = c^2$$

$$a^2 - 2ab\cos\theta + b^2(\cos^2\theta + \sin^2\theta) = c^2$$

✔ 코사인 정리 이끌어 내기③ $\sin^2\theta + \cos^2\theta = 1$ 증명하기

자, 이제 θ가 어떤 값이든 성립하는 훌륭한 삼각비 공식을 보여 드리겠습니다.

훌륭한 삼각비 공식

$$\sin^2\theta + \cos^2\theta = 1$$

※θ가 어떤 값이든 성립한다.

이 공식이면 코사인 정리까지 한 방에 갈 수 있지요. 지금부터 $\sin^2\theta + \cos^2\theta = 1$을 순식간에 증명해 보겠습니다. 먼저 직각삼각형의 삼각비 이야기를 떠올려 보세요. $\sin\theta = \dfrac{b}{c}$, $\cos\theta = \dfrac{a}{c}$ 이었지요.

(가물가물)…네에.

 sinθ와 cosθ를 각각 2제곱하면 $\frac{b^2}{c^2}$과 $\frac{a^2}{c^2}$입니다. 분수를 2제곱할 때는 분자와 분모를 각각 2제곱하면 되니까요. 그러면 $\sin^2\theta + \cos^2\theta$라는 식은 분모가 같으니까 $\frac{a^2+b^2}{c^2}$으로 변환할 수 있습니다.

$$\sin^2\theta + \cos^2\theta$$

$\sin\theta = \frac{b}{c}$의 2제곱이니까… ↓ $\cos\theta = \frac{a}{c}$의 2제곱이니까… ↓

$$= \frac{b^2}{c^2} + \frac{a^2}{c^2}$$

$$= \frac{a^2+b^2}{c^2}$$

 자, 여기서 깜짝 테스트! 피타고라스의 정리는?

 $a^2+b^2=c^2$입니다! (우쭐)

 정답! 그렇다는 건 $\frac{a^2+b^2}{c^2}$의 분자는 c^2으로 변환할 수 있으니까 $\frac{c^2}{c^2}$입니다. 분자와 분모가 같으니까 1이지요. 따라서 $\sin^2\theta + \cos^2\theta = 1$이라는 공식이 성립합니다. a, b, c가 사라지면 어떤 θ든 일반적으로 성립한다는 사실을 알 수 있지요.

$$\sin^2\theta + \cos^2\theta = \frac{a^2+b^2}{c^2}$$
$$= \frac{c^2}{c^2}$$

피타고라스의 정리
$a^2 + b^2 = c^2$

$$= 1$$

✓ 코사인 정리 이끌어 내기④ 완성하기

그럼 다시 코사인 정리로 돌아갑시다. $a^2 - 2ab\cos\theta + b^2(\cos^2\theta + \sin^2\theta) = c^2$까지 했지요. 여기서 $(\cos^2\theta + \sin^2\theta)$에 방금 증명한 훌륭한 공식을 대입하면…

아! 1입니다! (뿌듯) 와… 식이 순식간에 깔끔해지는군요.

$$a^2 - 2ab\cos\theta + b^2(\underline{\cos^2\theta + \sin^2\theta}) = c^2$$

$$\boxed{a^2 - 2ab\cos\theta + b^2 = c^2}$$

코사인 정리

잘했습니다! 이렇게 바로 코사인 정리가 끝났습니다! 이 식으로 어떤 삼각형이든 두 변의 길이 a, b와 그 변의 끼인각 θ를 알면 나머지 변 c를 계산할 수 있습니다.

하마터면 중간에 놓칠 뻔했지만 겨우 쫓아갔습니다. (삐질)

 잘 따라오고 있어요. 단, 주의할 부분이 있습니다. 삼각비의 θ와 달리 코사인 정리에 나오는 θ는 오른쪽 아래의 a와 b 사이에 끼인각을 가리킨다는 겁니다.

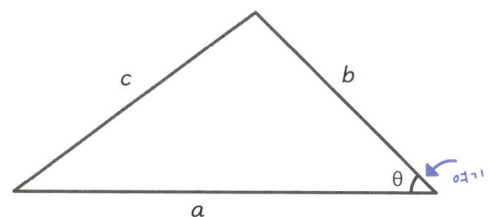

✓ 코사인 정리와 피타고라스의 정리의 관계

 오른쪽 아래요? 원세타, 오직각에 이어 오른쪽 아래 끼인각은…

 이번엔 위치를 외우기보다는 a, b라는 두 변 사이에 끼인각이 θ라고 외우세요. 코사인 정리는 피타고라스의 정리를 포함한다고 말했는데 피타고라스의 정리 전제에 깔려 있는 직각삼각형은 코사인 정리의 식으로 따지면 θ가 90°인 삼각형입니다.

 아아, 오른쪽 아래의 각이 직각이기 때문인가요?

 그렇습니다. 그럼 $\cos 90°$는 무엇일까요?

 오, 거기까진 생각 안 해봤습니다.

 그건 바로 0입니다.

네?

왜냐하면 그런 삼각형은 없으니까요. (단호) 여기서 잠시 코사인 정리를 잊어버리고 앞에서 말한 직각삼각형의 삼각비를 떠올려 보세요. $\cos\theta$란 $\dfrac{a}{c}$를 말하고 θ는 왼쪽 아래의 내각을 가리키지요? 그리고 오른쪽 아래에는 직각이 옵니다. $\cos 90°$란 왼쪽 아래와 오른쪽 아래의 각이 모두 $90°$라는 뜻이니 그런 삼각형은 없습니다. 변c와 변b는 영원히 만나지 않습니다.

아~ 그렇네요. 그렇다면 $\cos 89°$라면…?

그렇다면 가능합니다! 아주 뾰족하지만 언젠가는 만나지요. 그러나 분모인 변c가 분자인 변a와 비교해서 아주 길어지니 $\cos 89°$는 값이 아주 작습니다. 실제로 계산해 보면 0.017 정도가 나오죠. 이게 $90°$가 되면 0이 된다는 말입니다.

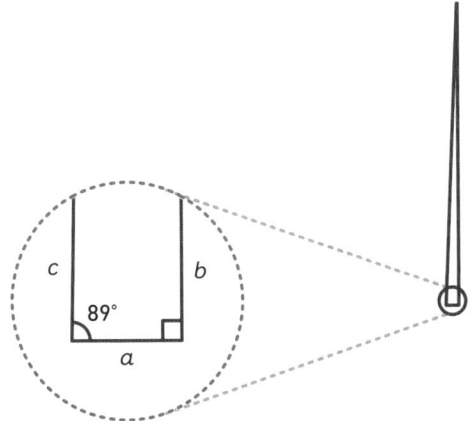

그리고 이렇게 직각삼각형일 때는 cosθ가 0이 되니 코사인 정리에서 $-2ab\cos\theta$라고 중간에 있는 복잡한 식들이 사라집니다. 결국에는 $a^2+b^2=c^2$만 남지요.

 피타고라스의 정리! 피타고라스의 정리를 증명할 때도 느꼈는데 기하 공식은 깔끔하군요.

 정말이지 예술의 경지 아닙니까? (황홀) 거기다 cosθ의 값은 함수 계산기로 계산할 수 있으니 어떤 삼각형이든 두 변의 길이와 그 사이에 끼인각만 알면 나머지 변의 길이는 순식간에 계산할 수 있습니다. 정말 감동적이지요?

 네네. 진정하세요…

 흠흠. 아무튼 이렇게 기하를 마치겠습니다.

| 나일째 | 3교시 | **삼각함수로 깔끔하게 마무리!** |

해석 수업에서 잠시 넣어 뒀던 삼각함수를 이제 꺼내 볼까요? 삼각함수는 $y=\sin\theta$와 같은 함수로, 삼각비의 '비(예: sin60°의 해답)'와 '각도(예: 60°)'의 관계를 나타내는 식과 그래프를 말합니다.

✓ 삼각함수는 θ와 y의 관계를 그래프로 나타낸 것

 기하까지 마쳤으니 이제 삼각함수만 남았네요.

 아… 완전히 잊고 있었네요.

 삼각함수는 해석의 영역이니까 y와 x의 관계성만 파악할 줄 알면 끝난 것과 마찬가지입니다.

 y와 x의 관계성이요?

 그렇습니다. 삼각함수는 y와 θ의 관계입니다. 예를 들어 $\sin\theta$는 θ의 값이 바뀌면 $\sin\theta$의 값이 어떻게 바뀌는가를 그래프로 나타내면 됩니다. 그러나 그건 삼각비 수업에서 이미 배웠지 않습니까? 이제 실제로 그려 보겠습니다. 먼저 $\sin\theta$부터 시작해 보지요. 가로축을 θ, 세로축 y를 $\sin\theta$로 놓으세요. 자, θ가 0°일 때 $\sin\theta$의 값이 얼마일지 짐작되나요?

아! 전혀요! (해맑)

 (깜짝이야. 아는 줄 알았네…) 그럼 sin1°는 어떤가요?

 음… 왼쪽 아래의 θ가 1°라는 건 변c와 변a가 거의 닿을락 말락 하고… 오른쪽에 변b가 짧게 있어요!

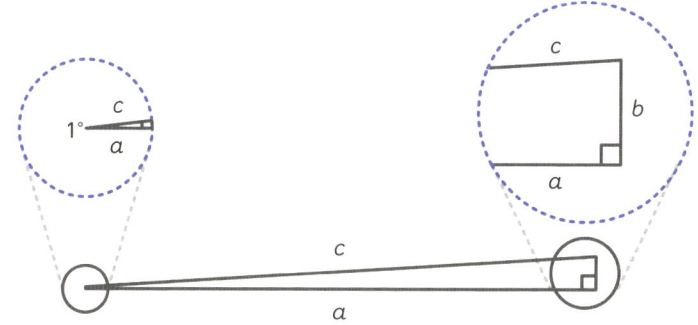

 오 방향이 좋은데요. 그렇다면?

 분모인 변c가 크고 분자인 변b가 작아지니까… 아! cos90°와 같네요. 정답은 0입니다!

 훌륭합니다! (짝짝) 그래서 sinθ의 삼각함수는 0부터 시작하는 겁니다. 그럼 반대로 θ가 90°일 때 sinθ는 어떻게 될까요? 힌트는 sin89°입니다.

 θ가 89°면 세로로 긴 막대 형태가 되겠죠? 거기에 변c와 변b가 거의 같다면… 1?

 정답입니다! sin0°는 0이고 sin90°는 1입니다. 다시 말해 그래프로는 오른쪽 위로 상승한다는 게 대충 보이지요?

아주 찔끔 봤습니다!

 그런데 사실 이 정보만으로는 그래프가 직선으로 뻗어 가는지 곡선을 그리는지 알 수 없습니다.

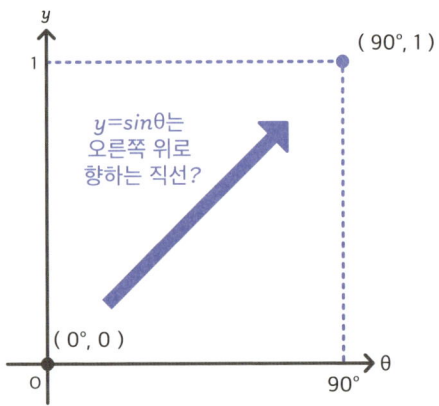

 그럴 때는 중간 지점에 점 몇 개를 찍어 보면 됩니다. 여기서 앞서 소개한 편리한 삼각비를 떠올리면 좋겠지요. θ가 30°와 60°일 때를 보세요. $\sin 30°$는 $\frac{1}{2}$이므로 0.5입니다. $\sin 60°$는 $\frac{\sqrt{3}}{2}$입니다. $\sqrt{3}$은 1.7320508이므로 계산하면 0.866 정도가 나옵니다. 이 점들을 연결하면 곡선을 그립니다. 이게 삼각함수 그래프의 특징이지요.

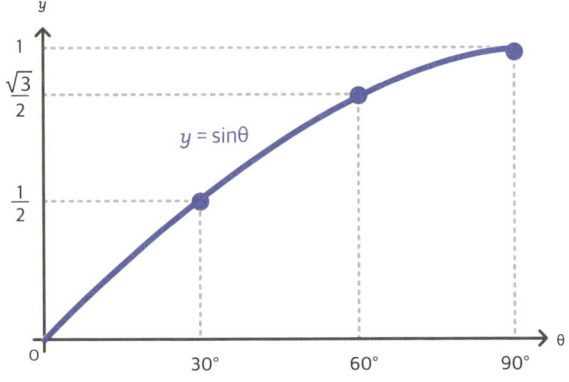

아아… 선생님. 저 이제 끈을 놓칠 것만 같…

 자자, 힘내세요! 이제 cosθ 그래프만 남았어요. 할 일은 같습니다. 단, cosθ의 그래프는 1부터 시작해서 0이 된다는 점이 sinθ와 다르지요. cos0°는 1, cos90°는 0입니다. 그리고 이 그래프도 곡선을 그립니다.

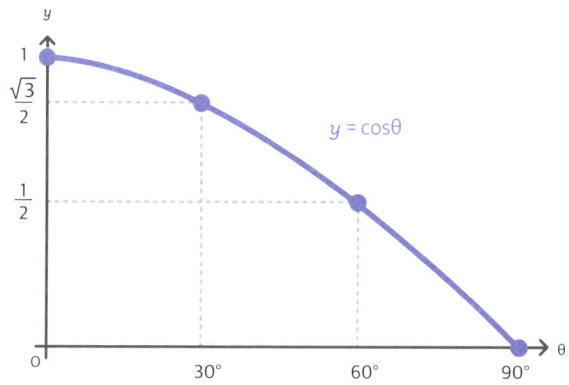

 혹시 눈치채셨나요?(기대)

 네?(멍)

 하하… $y=\sinθ$와 $y=\cosθ$의 그래프는 θ=45°인 선(그래프의 정중앙)에서 깔끔하게 선대칭 모양이 됩니다.

 헉! 그러고 보니 그러네요.

 사실 이건 이미 배운 공식으로도 상상할 수 있어요. $\sin^2θ+\cos^2θ=1$이라는 공식 기억나요? 다시 말하면 sinθ가 늘어난 만큼 cosθ는 줄어든다는 뜻입니다. 둘을 더하면 1이니까요.

신기하게 숫자를 보는 동안 아무 생각이 없다가 선생님 설명을 들으면 뭐가 번뜩! 하네요.

 하하. 써먹는 법을 몰랐기 때문이지 삼각함수는 물결이나 주파수를 다룰 때도 쓰이는 아주 실용적인 함수입니다. 지난 수업에서 음악 이야기를 했는데 440Hz인 '라' 소리도 물리학자의 손에서는 삼각함수로 다룰 수 있는 숫자가 되지요.

 우와~ 삼각함수는 물리에서 쓰는군요.

 그렇습니다. 실제 물리 분야에서는 θ가 90°를 넘는 경우도 있지만 문과 수학에서는 90°까지만 다룰 줄 알아도 충분합니다. 삼각함수란 현대 문명에서는 의미심장한 무기입니다.

 아니, 이런 대단한 무기를 고등학교에서 배웠다고요? 그 중요한 걸 놓치다니…!

 놓치다니요. 이제 손에 쥐고 있지 않습니까? 자! 고등 문과 수학 졸업을 축하합니다!

 네? 정말요? 벌써 졸업이라고요? 너무 후련합니다, 선생님! 흑흑 (감동의 눈물)

5일째

<방과 후 특강①>
기하의 최종
병기 '벡터'를
손에 쥐어라

위대한 벡터

고등 문과 수학에서는 깊이 있게 다루지 않는 벡터. 그러나 '벡터를 모르면 손해!'라는 대박사 선생님의 강력한 주장에 따라 '방과 후 특강'에서 벡터라는 아이템을 손에 쥐어 봅시다!

✓ 벡터라면 코사인 정리 증명도 순식간에!

통계학부터 시작된 고등 문과 수학 과정이 삼각함수로 드디어 마무리되었군요. 기나긴 여정이었지만 이번에도 알찬 수업이었습니다. 그럼 전 이만…(주섬주섬)

어디 가세요? 1일째부터 제가 예고했던 벡터가 아직 남아 있지 않습니까?

아…(안 잊어버리셨구나) 기하의 끝판왕이라던 그 벡터…

왜 기억하고 있냐는 표정이군요. 하하. 너무 염려하지 마세요. 지수함수나 삼각함수가 실은 너무나도 유용한 도구였듯이 벡터도 이 세상의 움직이는 모든 것을 연구하는 물리학자들이라면 밥 먹듯이 매일 사용하는 아주 유용한 도구에 불과합니다.

…네. 그렇겠죠…

얼마나 유용한지 알게 되면 벡터에도 재미를 붙이는 건 금방일 거예요. 지금까지 초중고등학교에서 배웠던 '무슨 무슨 정리' 같은 기하 아이템과 이번에 공부할 벡터 사이에는 결정적으로 다른 점이 한 가지 있습니다.

 다른 점?

 수학에는 대수, 해석, 기하라는 3대 분야가 있었지요? 벡터는 기하 문제를 대수로 변환해서 푼답니다.

 선생님, 분명 우리말을 하고 계신데 전혀 이해가 안 됐어요. (엉엉)

 하하. 쉽게 말해 도형 문제를 이차방정식으로 푼다는 말입니다. 지금까지는 기하 문제를 풀 때 보조선을 긋고 길이나 각도를 알 수 없는 곳에 알파벳을 지정한 다음 '그럴싸한 식을 만들 수 없을까?', '아는 정리를 쓸 수 있는 부분이 없을까?' 라는 시행착오를 거치며 문제를 해결하지 않았습니까?

 먼저 찾는 사람이 임자라는 느낌이었죠. 보조선을 잘 그은 사람이 문제를 풀 수 있다는…?

 맞습니다. 기하 문제를 기하로 풀려고 했지요. 그런데 벡터를 사용하면 어떤 도형이든 대수의 세계로 가져갈 수 있습니다.

 대수의 세계로 가져가면 뭐가 좋은가요? 굳이 거기 잘 있는 걸 다른 곳으로 옮길 필요가…

 보조선이 필요 없어집니다. 식을 가지고 기계적으로 풀기만 하면 되지요. 실수하지 않고 식을 변형하는 집중력만 있으면 되니 알 수 없는 길이나 각도를 먼저 찾아내야 한다는 부담감이 없습니다!

엇? 그럼 둔한 저도 수식만 있으면 풀 수 있다는 말씀인가요?

 물론입니다! 수학 문외한인 김수포 씨도 식은 죽 먹기로 풀 수 있습니다!

 (좋은 건가?)가, 감사합니다.

 저는 고등학교 2학년 때 처음으로 벡터를 접했습니다. 이 편리한 걸 왜 이제야 알려 주는지 화가 날 정도였지요.

 삼각비 때부터 들었던 생각인데요. 대체 왜 지름길부터 알려 주지 않고 뱅뱅 돌아가게 만드는 거죠? 인내심 테스트?

 우선은 이차방정식이나 삼각비 지식이 필요하다는 것 그리고 새로운 개념에 익숙해지는 게 먼저이기 때문이지요. 저는 개인적으로 벡터를 모르는 사람이 없었으면 좋겠어요. 전 국민이 상식적으로 알아 두면 좋겠다고 생각할 정도입니다. 그만큼 실용적인 도구지요.

 실용적이라는 게 어떤 건지 감이 잘 오질 않습니다. 얼마나 유용하다는 건가요?

 얼마나 유용하냐면… 4일째에서 기하 수업의 끝판왕으로 코사인 정리를 증명했지요?

$$c^2 = a^2 - 2ab\cos\theta + b^2$$

네! 열심히 보조선을 그어서 모르는 값을 h나 x로 두고 열심히 정리를 도출해 냈죠.

 자, 놀라지 마세요. 벡터를 쓰면 그 모든 과정을 단 몇 줄로 증명할 수 있습니다.

 아닛! 그럼 지금까지 제가 한 건…

 진정하세요. 하하. 코사인 정리를 증명하는 것만이 목표였다면 벡터로 빠르게 오는 방법도 있지요. 하지만 삼각비와 삼각함수라는 아이템을 손에 쥐기 위한 여정이었다고 생각해 주세요. 게다가 삼각비는 벡터에서도 사용하는 지식입니다.

 그렇군요. (살짝 진정) 대체 이게 뭐길래 전 국민이 알았으면 좋겠다고 하시는지 슬슬 기대되는데요. (주섬주섬 짐을 다시 푼다)

 좋아요. 그럼 의욕이 생긴 것 같으니 방과 후 수업을 시작해 봅시다!

벡터를 모르는 건 손해다!

이 정도입니다~

'아!' 소리가 절로 나는 벡터 이해하기

벡터는 식을 푸는 것보다 개념을 이해하는 게 더 어려울 수 있습니다. 하지만 한번 이해하면 벡터라는 게 왜 유용한지, 참신한지 깨달을 겁니다. 왜 벡터가 참신한지 '스칼라'와 '텐서'를 비교해 보겠습니다.

✔ 직감적으로 파악할 수 있는 존재 '스칼라'

벡터는 많은 문과생에게 알쏭달쏭한 존재입니다. '무슨 양을 나타내는 기호 같은데…' 하고 어렴풋이 알 정도일 겁니다. 벡터의 정체는 쉽게 말해 크기와 방향이라는 두 종류의 데이터를 넣을 수 있는 주머니라고 보면 됩니다.

아하! 무슨 말인지 모르겠는데요.

하하… 살짝 설명해 보겠습니다. 아마 김수포 씨가 인생을 살면서 접해 온 온갖 숫자들은 대부분 무언가를 측정한 크기를 나타낸 것일 겁니다. 길이, 무게, 온도, 각도, 방정식에서 쓰는 x도 그렇습니다. 수치는 모르지만 어떤 크기를 기호 대신 표현한 것이지요. 이렇게 우리에게 친숙한 숫자를 문자로 표현하는 것을 수학에서는 스칼라라고 부릅니다.

단, 스칼라는 크기의 정보만 포함되어 있습니다. 예를 들어 친구에게 백만 원을 빌려달라고 부탁할 때 쓰는 '백만 원'이라는 돈의 단위, 즉 크기지요. 이런 게 스칼라입니다.

백만 원이라면 적은 돈이 아닌데… 함부로 빌렸다가 제때 못 갚으면 그 친구에게 신뢰를 잃을 만한 액수네요.

그렇습니다. 벡터의 개념은 그것에 가깝습니다.

…네?

애초에 인류가 갖고 있던 발상은 스칼라뿐이었습니다. 그래서 직감적으로 이해하기 쉽지요. 여기에 '내가 있으면 더 효율적일걸?'이라며 새로운 도전자가 나타납니다. 바로 벡터입니다! 벡터는 크기와 방향이라는 두 가지 스칼라를 조합해서 한 가지 개념으로 합친 거지요. 이게 얼마나 위대한 일인지 알겠나요? 벡터는 정말이지…

잠깐, 선생님! 현실로 돌아오세요!

✓ 데이터 시대의 주역 '텐서'

 여기에 좀 더 전문적인 개념이 하나 더 등장합니다. 벡터의 상위에 있는 텐서입니다.

 왠지 이름부터 센 느낌이 드네요.

 허허. 센 느낌이 아니라 셉니다. 아니, 그냥 센 게 아니라 최강이죠!

 (멀찍) 아… 그런가요?

 벡터가 두 가지 스칼라를 담을 수 있는 주머니였다면 텐서는 무수히 많은 스칼라를 넣을 수 있는 거대한 창고라고 보면 됩니다. 정보량은 방대하지만 한 가지 개념으로 다루지요.

 감이 잘 안 오는데요. 대체 그 거대한 걸 누가 씁니까?

 아무리 수학과 동떨어진 김수포 씨라도 기계 학습, 머신러닝이란 단어는 들어보셨겠지요?

아~ 물론입니다. 요즘 인공지능이라는 키워드가 핫하죠.

 맞습니다. 글로벌 기업인 구글이 제공하는 머신러닝 프로그램의 명칭도 텐서플로라고 하지요. 실제로 텐서플로는 여러 변수, 즉 여러 스칼라를 텐서에 넣고 컴퓨터가 읽게 하는 등의 일을 하지요.

 우와! 텐서가 이렇게 나와 가까이 있었다니…

 텐서는 웬만한 수학과, 공학과 학생들도 상당한 확률로 떨어져 나갈 정도로 난도가 높아요. 하지만 그때 꿋꿋이 버텨 텐서를 마스터하면 탄탄한 직장을 다닐 확률이 높아집니다. 전문성을 가지게 되니까요.

 그럼 데이터의 종류가 1개면 스칼라, 2개면 벡터, 3개 이상이면 텐서라는 말씀인가요?

 엄밀히 말하면 텐서는 스칼라나 벡터까지 전부 포함합니다. 이 개념들을 빌딩에 비유해 스칼라는 '1층 텐서', 벡터는 '2층 텐서'라고도 부르지요.

흠… 예를 들면 누군가 키와 몸무게를 동시에 나타내는 새로운 단위를 만들었다면 그건 벡터인가요?

 네. 개념으로 따지면 벡터입니다. 그러나 도형으로 표현하려면 정보의 종류로서 하나는 변의 크기, 다른 하나는 변의 방향에 해당되겠지요.

 그렇겠죠?

 벡터라는 완전히 새로운 개념을 이해하려면 이것저것 비교하는 게 더 쉽습니다. 이런 식으로 말이에요.

'양의 개념'이란 '스칼라'에서 시작해 '벡터'가 생겼고 이를 더 일반화한 것이 '텐서'다.

 확실히 그렇게 설명하니 이해가 잘 되네요.

 벡터뿐만 아니라 대부분 개념이 이런 식으로 등장합니다. 누군가가 '이런 게 있으면 참 편리할 텐데'라는 생각에 새로운 아이디어를 만들어 내고 그 아이디어에 다른 사람이 동조해서 사용하기 시작하면 그 아이디어가 곧 새로운 법칙이 되는 거지요. 벡터와 텐서가 그렇게 생겨났습니다.

그렇게 생각하니 수학은 의외로 자유롭네요. 개념을 새로 만들 수도 있다니…

 일정한 규칙만 잘 따르면 이보다 자유로운 세계는 없지요. 이 세계에는 규제가 없으니까요. 편리하면 장땡입니다. 끝임없이 혁신을 일으킬 수 있어요.

✓ 왜 벡터가 필요해졌을까?

 좋습니다. 그럼 스칼라만 있던 세계에 갑자기 벡터라는 게 등장해서 편리해졌다는 건 알겠는데… 왜 굳이 2개의 스칼라를 하나로 만들어야 하나요?

 가장 큰 이유는 어떤 도형이든 식으로 나타내면 편리하기 때문입니다. 다시 말해 수학자들이 그토록 선호하는 대수의 세계에 도형을 끌어들이고 싶었던 거지요.

 수학자는 대수를 선호하는군요. 몰랐네요.

도형을 크기와 방향이라는 2개의 스칼라로 다루면 식 하나로 표현하기가 어렵습니다. 그래서 하나로 만들 필요가 있었지요.

 아~ 변의 길이나 각도를 전부 알아도 그 상태로는 하나의 식으로 표현하기 어렵기 때문이군요.

 게다가 벡터는 벡터끼리 계산하는 법까지 제대로 확립되어 있습니다. 벡터의 독자적인 계산 방법을 벡터 대수라고 하지요.

 공식이 있다는 말인가요?

 있습니다. 우리가 지금 하려는 게 바로 그거랍니다.

 가, 간단하게 부탁드리겠습니다.

5일째 3교시  간단한 벡터 표기법

이제 벡터의 개념을 알았으니 벡터 표기법을 살펴볼까요? 너무 간단해서 허무할 정도일 겁니다. 규칙에 따라 화살표를 그리기만 하면 간단하게 벡터 완성!

✔ 화살표가 중요해! 벡터 표기법

 벡터는 사실 아주 간단해요! 어떤 도형이든 식으로 변환해서 표현할 수 있는데다 벡터 대수를 써서 문제를 풀 수도 있습니다. 벡터 표기법부터 살펴볼까요?

 가령 변a가 있다면 소문자 a를 쓰고 그 위에 오른쪽 방향으로 화살표를 그립니다. 만약 a만 있다면 변의 길이만 나타내는 하나의 스칼라일 뿐이지요. 하지만 거기에 화살표를 추가하면 방향의 정보까지 포함하는 벡터가 됩니다.

 아아, 본 적이 있는 것 같기도 하고… 아닌 것 같기도 하고…

227

참고로 벡터 표기법은 하나가 아닙니다. 학생들이 배우는 공식적인 표기법은 문자 위에 화살표가 있는 형태지만 연구자들은 알파벳에 선 하나를 겹쳐 그리기도 하고 대학에선 기울인 굵은 알파벳으로 쓰기도 하지요.

고등학교　　　　연구자　　　　　대학
$\vec{a}, \vec{b}, \vec{c}$　　　　　$\mathbb{a}, \mathbb{b}, \mathbb{c}$　　　　　***a, b, c***
　　　　　　　　　　　　　　　　　　　　(굵은 글씨)

✓ 텐서 표기법

 그럼 텐서는 어떻게 표기하나요?

 텐서는 첨자라는 걸 씁니다. 텐서를 뜻하는 기호를 그린 다음 들어갈 정보에 맞게 오른쪽 위와 아래에 마음껏 문자를 쓰지요. 위에 있는 첨자를 위 첨자, 아래에 있는 첨자는 아래 첨자라고 부릅니다. 주로 알파벳 소문자를 쓰는데 '아인슈타인의 상대성 이론'에 나오는 중요한 양을 텐서로 표현하면 이렇게 됩니다.

$$\Gamma^{k}_{lm}$$

 (자포자기)이젠 읽을 수도 없네요. 설마 상대성 이론을 설명하실 건 아니죠…?

하하. 상대성 이론까진 가지 않겠지만 읽는 법은 알려드릴 수 있지요. 감마의 k, lm 이라고 읽습니다. 이 식에서는 위 첨자인 k와 아래 첨자인 l, m이 있는데요. 이런 텐서를 가리켜 3층짜리 텐서라고 합니다. 이 3개의 첨자가 각각 4개의 양을 보관할 수 있으므로 이 텐서에는 $4^3=64$개의 스칼라가 들어갑니다.

 64차원?!

 놀랍지요? 텐서는 정보 압축량이 어마어마합니다. 기호 하나 안에 우주가 들어갈 정도지요. 제아무리 천재라도 어마어마한 정보를 담은 텐서를 보면 숨이 넘어갈 정도입니다.

 전 그냥 숨이 넘어가겠어요.

 벡터를 그림으로 그려 보자

 자, 이제 벡터를 그림으로 그려 볼까요? 몸풀기용으로 $\vec{a}$를 그려 볼게요. 벡터를 그림으로 나타낼 때는 이렇게 화살표로 표현합니다.

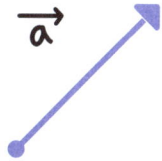

 여기서 화살표의 시작과 끝을 잘 보세요. 동그란 부분을 시점, 화살표 머리 부분을 종점이라고 하는데, 화살표는 반드시 시점에서 시작해 종점으로 끝납니다.

화살표가 반대 방향이면 의미가 달라지나요?

 그러면 정반대의 벡터가 됩니다. 화살표의 길이도 중요해요. 화살표의 길이가 벡터의 크기를 나타냅니다.

 이렇게 간단하게 방향과 크기를 동시에 표현할 수 있다니?

 정말 간단하지요? 이게 벡터 그리기의 기본입니다.

 뭐랄까… 너무 단순해서 어색할 정도예요. 그럼 이 화살표 하나로 각도까지 알 수 있나요? 방향이랑 길이는 알겠는데 어디로 가라는 건지 당최…

 오, 예리하군요! 방향은 기준이 없으면 정해지지 않으니까 사실 $\vec{a}$만 그림으로 나타내도 별 의미가 없지요. 벡터로 방향을 똑바로 나타내려면 벡터가 하나 더 필요합니다.

 역시!

 그럼 아까 그린 그림에 벡터를 추가해 보겠습니다.

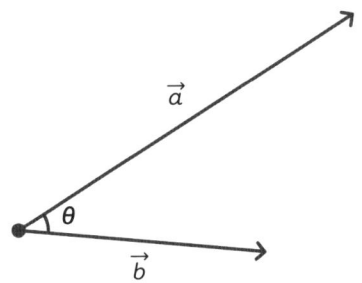

어라… 어째 뭔가 익숙한 게 보이는데요.

 이런 식으로 같은 시점에서 $\vec{a}$와 $\vec{b}$가 뻗어 간다면 두 벡터가 이루는 각을 알 수 있겠지요.

 이루는 각?

 두 직선이 교차하는 곳에 생기는 각도 말이지요. 예를 들어 $\vec{b}$가 기준일 때 $\vec{a}$는 $\vec{b}$에서 몇 도 기울어져 있다는 사실을 알 수 있는 것입니다. 참고로 벡터는 삼각비에서 썼던 각도를 가리키는 변수, θ(세타)를 써서 이루는 각을 나타낼 때도 많습니다. 그리고 이 부분이 살짝 복잡한데 벡터에서 나오는 θ는 시계 반대 방향으로 봅니다.

 전 이쯤에서 이해하기를 포기하겠…

 안 됩니다. 힘을 더 내세요. 자, 놓지만 않으면 금방 이해됩니다. 예를 들어 이 그림에서는 $\vec{a}$는 $\vec{b}$보다 양의 각이라고 표현할 수 있습니다. 만약 θ가 30도라면 +30도라고 하는 겁니다.

 혹시… 시계 방향이면 마이너스?

 정확합니다! 반대는 음의 각이라고 하는데 −30도라고 표현합니다.

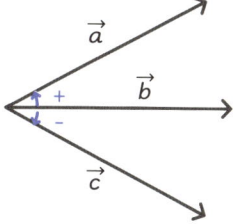

$\vec{a}$는 $\vec{b}$보다 양의 각에 있다.

$\vec{c}$는 $\vec{b}$보다 음의 각에 있다.

5일째 4교시 — 더 간단한 벡터 계산법

벡터끼리 덧셈, 뺄셈, 곱셈까지 할 수 있다는 걸 알고 있나요? (나눗셈 제외) 이렇게 벡터와 벡터를 계산하는 것을 '벡터 대수'라고 합니다. 하나씩 살펴볼까요?

✔ 벡터의 덧셈

 이제 벡터끼리 계산을 해봅시다. 일단 덧셈부터 해볼까요?

$$\vec{a} + \vec{b}$$

 살면서 덧셈이 이렇게 막막하게 보였던 건 처음입니다.

 도형으로 생각해 보면 아주 쉽게 이해가 될 겁니다. 먼저 벡터 2개로 평행사변형을 그립니다. 다음으로 $\vec{a}$와 $\vec{b}$의 공통 시점부터 평행사변형의 대각선을 하나 그립니다. 이 대각선이 벡터끼리 하는 덧셈의 답이 됩니다.

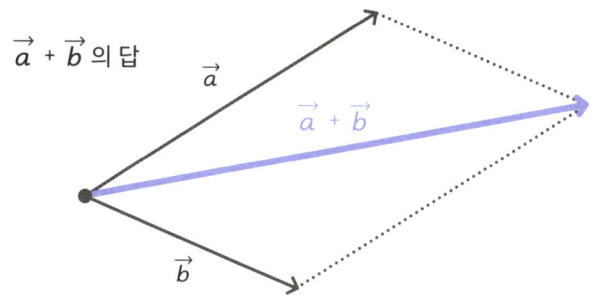

 (띠용) 왜 그렇게 되나요?

 여기서는 '왜?'를 생각하기보다는 벡터를 생각한 사람이 그렇게 덧셈을 정의했다고 받아들이는 게 편합니다.

 제가 제일 잘하는 거군요. 저항할 수 없으면 받아들이겠습니다.

 하하. 벡터의 덧셈은 완전한 곡선의 세계니까요. 앞서 수학의 세계는 편하면 장땡이라고 하지 않았습니까? 누군가 이런 규칙을 만든 거고 받아들여진 거지요.
다행히 덧셈은 평행사변형을 쓰지 않아도 표현할 수 있어요. $\vec{a}$의 종점에 $\vec{b}$의 시점이 오게 하면 됩니다. 다시 말해 화살표를 연결하는 것이지요. 말 그대로 더하는 겁니다. 그 상태에서 처음 화살표의 시점과 마지막 화살표의 종점을 연결합니다. 이것이 덧셈의 결과입니다.

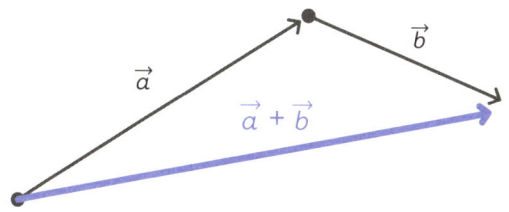

그런데 벡터를 이동시키면 $\vec{b}$는 다른 벡터가 되는 것 아닌가요?

 벡터는 크기와 방향이라는 두 가지 정보만 포함하고 있다고 했었지요? 벡터는 시점의 위치, 다시 말해 좌표축의 정의는 없습니다. 그래서 얼마든지 평행 이동을 할 수 있지요. 이 부분은 아주 중요하게 알아 둬야 할 벡터의 성질입니다. 좌표 위 어디에 그리든 크기와 방향은 변하지 않거든요.

 아~ 그대로 옮기기만 했군요.

 그렇습니다. 반대로 시점은 같지만 기준이 되는 벡터와 각도가 1°라도 바뀌면 다른 벡터가 됩니다.

 그럼 벡터를 한 번에 몇 개씩 더하는 것도 가능한가요?

 물론입니다. 벡터의 덧셈은 벡터가 몇 개 있어도 같습니다. $\vec{a}, \vec{b}, \vec{c}, \vec{d}$라는 4개의 벡터를 더할 때도 $\vec{a}$의 종점에 $\vec{b}$를 연결하고 $\vec{b}$의 종점에 $\vec{c}$를 연결하는 식으로 계속 연결하면 됩니다. 그러면 꼬불꼬불한 화살표가 생기는데 $\vec{a}$의 시점과 $\vec{d}$의 종점을 연결한 화살표를 그리면 이게 바로 4개의 벡터를 더한 합이 됩니다. 합도 당연히 벡터이지요.

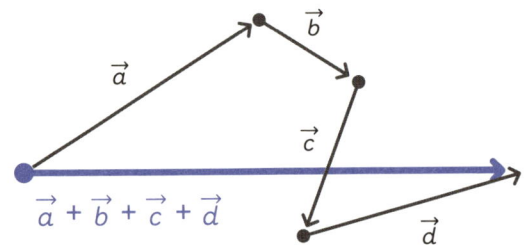

예를 들면 $\vec{a}$ 뒤에 $\vec{c}$ 를 연결해도 된다는 말인가요?

 당연히 됩니다. $\vec{a}$, $\vec{c}$, $\vec{b}$, $\vec{d}$ 라는 순서로 연결해도 마지막에 생기는 합의 벡터는 같습니다.

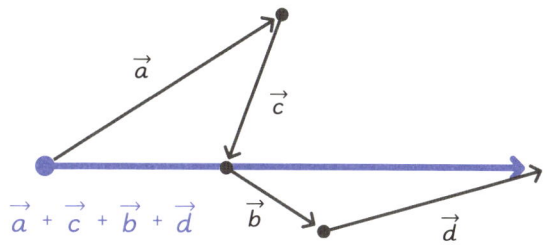

경로를 굳이 나누자면 $\vec{a}$ 에서 $\vec{b}$ 로 가는 길과 $\vec{c}$ 에서 $\vec{d}$ 로 가는 길, 2가지가 있는데 얼핏 첫 번째 길이 빙 돌아가는 것처럼 보여도 벡터의 합만 보면 똑같습니다.

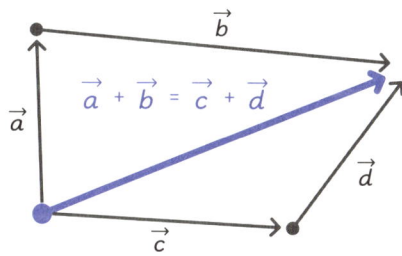

 왠지 퍼즐 같아서 재미있네요.

 벡터를 다른 말로 화살표의 수학이라고도 하니 퍼즐과도 비슷한 성질이 있지요. 자, 이렇게 해서 벡터의 덧셈은 끝입니다. 참고로 벡터와 벡터를 연결하는 것을 벡터 합성이라고 합니다. 연결하는 작업이 전부지만요.

235

제 딸도 기차 장난감을 갖고 "연결, 연결~♪" 하고 노래를 하면서 자주 노는데. 집에 가면 "벡터 합성, 벡터 합성~♪"이라는 노래를 가르쳐 보겠습니다. 조기 교육!

✔ 벡터의 뺄셈도 해보자

 이번에는 뺄셈입니다.

 넵! 마음의 준비는 되었습니다.

 하하. 자, 여기 $\vec{a}$에 대해 $-\vec{a}$가 있습니다. 이 마이너스는 화살표가 역방향이라는 뜻입니다. 앞서 벡터 표기법을 다룰 때 화살표의 방향이 바뀌면 정반대가 된다던 말 기억나나요? 정확히 말하면 플러스와 마이너스가 뒤집힌다는 겁니다.

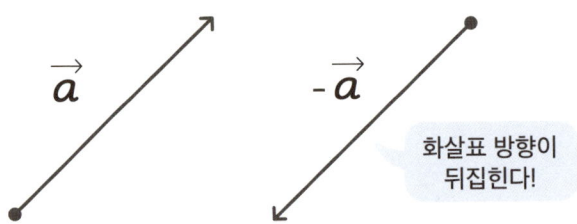

아하! 역방향이 되면 뭐가 달라지나요?

 크기는 같습니다. 그리는 선의 각도도 같지요. 하지만 시점과 종점이 바뀌어 있습니다. 이걸 음의 벡터라고 합니다. 그럼 다음 식은 어떻게 풀 수 있을까요? 힌트를 주자면 좀 전에 배운 덧셈을 떠올려 보세요.

$$\vec{a} - \vec{b}$$

 죄송합니다… 힌트를 주셔도 아무 효과를 발휘하지 못했네요…

 하하. 잘 보세요. 덧셈을 떠올리란 건 $\vec{a} + (-\vec{b})$라고 대수처럼 생각하는 것이지요. 만약 $\vec{a}$에서 $\vec{b}$를 빼고 싶다면 $\vec{b}$를 음의 벡터로 변환한 다음 벡터 합성을 하면 됩니다.

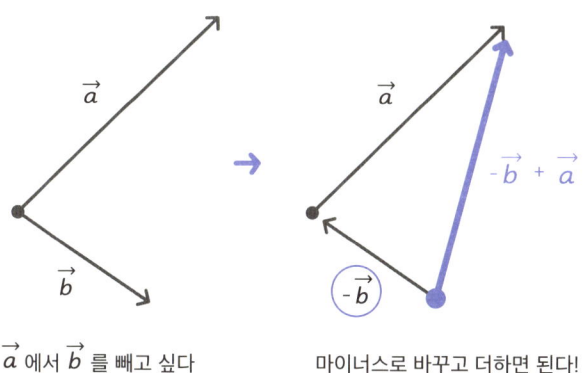

$\vec{a}$에서 $\vec{b}$를 빼고 싶다 　　　마이너스로 바꾸고 더하면 된다!

 …이상하게 두뇌 게임을 하고 있는 기분이에요.

그렇지요. 하지만 복잡하진 않아요. 어디가 시점이고 어디가 종점인가에 주목하면 어렵지 않습니다. 합성할 때도 화살표를 길이라 생각하고 터벅터벅 걸어가는 상상을 하면 됩니다. 초등학생도 할 수 있을 거예요.

✓ 벡터를 분해해 보자

 이제 벡터 계산법에서 남은 건 곱셈과 나눗셈인가요?

 벡터끼리 나눗셈은 할 수 없습니다. 하지만 하나의 벡터를 여러 개로 나눌 수는 있습니다. 분해한다고 표현하지요.

 (멍)…상상이 안 되는데요.

 이것도 그림으로 그리면 단숨에 이해할 수 있을 겁니다. 예를 들면 $\vec{a}$는 $\vec{b}$와 $\vec{c}$의 합이라는 식으로 표현할 수 있지요. $\vec{b}$나 $\vec{c}$는 $\vec{b}+\vec{c}=\vec{a}$라는 식만 제대로 되어 있다면 아무렇게나 뽑아도 상관없습니다.

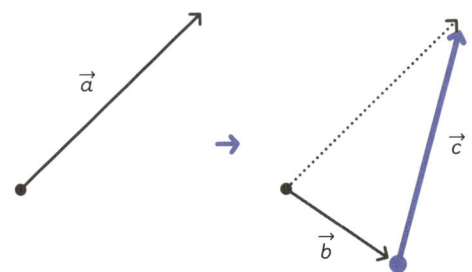

이게 벡터의 분해군요.

 최고의 제자답습니다! 습득이 빨라졌네요. 하하. 아까 했던 합성 과정을 반대로 했을 뿐입니다. 다들 분해라고 하면 혼란에 빠지지만 그렇게 어렵지 않아요.

✓ 벡터의 곱셈까지 도전?

 벡터의 덧셈과 뺄셈 그리고 분해를 해봤는데 사실 지금까지는 가벼운 스트레칭이었습니다.

 아… 곱셈부터 난도가 올라가는 거군요.(탄식)

 조금만 더 힘내세요. 곱셈까지 하면 다 온 겁니다! 지금부터는 집중력을 확 끌어올려서 벡터와 벡터의 곱셈을 하겠습니다. 벡터에서 곱셈은 내적이라고 합니다. 벡터의 덧셈과 뺄셈 과정을 떠올려 보세요. 지금까지 우리는 화살표 방향만 생각했지 크기는 전혀 생각하지 않았지요?

 아, 그러고 보니 그러네요.

 하지만 곱셈에서는 크기까지 고려해야 합니다. $\vec{a}$와 $\vec{b}$를 곱한다는 게 무엇인지만 알면 고등 수학 과정의 벡터는 끝입니다. 먼저 벡터와 벡터의 곱셈은 표기법부터가 다릅니다. 기호 ·(가운뎃점)을 사용합니다. $\vec{a} \times \vec{b}$처럼 ×를 쓰거나 $\vec{a}\vec{b}$처럼 생략하면 안 됩니다.

 그것도 누군가의 아이디어인가요?(대체 누구냐)

벡터와 벡터의 곱셈에서 ×를 쓰면 대학에서 배우는 외적이라는 뜻이 되어버리고 맙니다.

 기호 하나만 잘못 써도 뭔가 무진장 달라지는 모양이군요.

> **여기가 포인트!**
>
> **〈내적〉**
> 고등학교에서 배우는 벡터와 벡터의 곱셈은
> '내적'이라 하고 '·'으로 표기한다.

 여기서 새로운 기호를 하나 더 도입합니다. 벡터 표기의 양쪽 끝에 세로선이 추가됩니다. 이건 절댓값 기호라고 하는데, 벡터의 크기를 알려 주는 친절한 기호입니다.

$$|\vec{a}| = 3$$

 뭔가 점점 a를 둘러싸는 기분인데…

 이 절댓값 기호로 방향이라는 정보를 지우고 크기만 뽑아낼 수 있습니다.

 현실적인 크기를 나타내는 스칼라가 된다는 말인가요?

 훌륭합니다! 추상적인 관계성을 나타내는 벡터를 스칼라로(현실 세계로 데리고 오는) 만드는 것이 절댓값 기호이지요. 만약 $|\vec{a}|=3$, $|\vec{b}|=2$라면 이렇게 표현할 수 있어요.

$$|\vec{a}| = 3 \quad |\vec{b}| = 2$$
$$\vec{a} \cdot \vec{b} = 3 \times 2 = 6$$

 선생님, 머리가 안 돌아갑니다…

 맞아요. 바로 이해하기 쉽진 않지요. 그래서 이 식을 정해진 규칙으로 받아들인 것입니다. 여기에 $\vec{a}$와 $\vec{b}$의 방향이 조금이라도 다르면 좀 더 문제가 복잡해지지요.

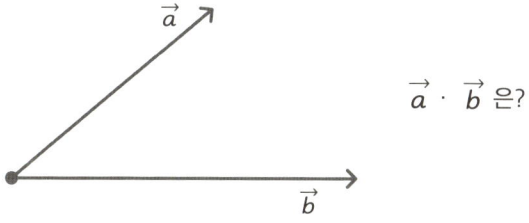

 바로 이때 누군가 분해의 개념을 떠올린 겁니다. 물론 벡터를 분해하는 방법을 찾자면 무수히 많겠지만 가장 간단한 형태를 찾아낸 거지요. 다음 그림과 같이 $\vec{b}$를 기준으로 해서 $\vec{a}$를 $\vec{p}$와 $\vec{q}$로 분해하는 방법입니다.

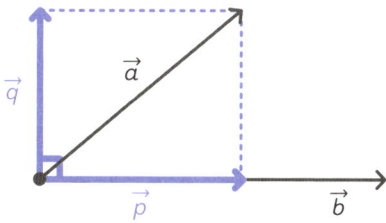

될 수 있는 한 간단하게 하고 싶으니 $\vec{p}$는 $\vec{b}$와 같은 방향으로 만듭니다. 그리고 $\vec{q}$는 $\vec{b}$나 $\vec{p}$와 직각으로 교차하도록 합니다. 참고로 직각으로 교차하는 것을 '직교한다'라고 표현합니다. 여기서 내적의 독특한 법칙이 나옵니다. 직교하는 벡터의 내적은 0이라는 거지요.

$$\vec{p} \cdot \vec{q} = 0$$

직교하는 벡터의 내적은 0!

자, 잠깐만요. 왜죠?

이 법칙은 앞서도 말했듯이 증명하는 것이 아니라 받아들이는 겁니다. 왜 그렇게 정했냐고 묻는다면 '이렇게 정했더니 모순이 없었다'는 답밖에 없습니다.

그럼 더 간단하면서 모순이 없는 방법이 빨리 나오길 빌어야겠는데…

하하. 김수포 씨가 발견하길 바라겠습니다. 자, 이렇게 해서 이제 내적의 규칙 2개가 등장했네요. 하나는 '같은 방향의 벡터는 벡터를 스칼라로 만들고 곱한다', 다른 하나는 '직교하는 벡터의 내적은 반드시 0이 된다'라는 거였죠. 이제 이 규칙을 바탕으로 $\vec{a}$와 $\vec{b}$의 곱셈을 해보겠습니다.

$$\vec{a} \cdot \vec{b} = (\vec{p} + \vec{q}) \cdot \vec{b}$$

$\vec{a}$를 분해한 것

$$= \vec{p} \cdot \vec{b} + \vec{q} \cdot \vec{b}$$

같은 방향   직교(0이 된다)

$$= |\vec{p}||\vec{b}|$$

마지막에 남는 것은 $|\vec{p}|$와 $|\vec{b}|$의 곱셈입니다. 그러나 $|\vec{p}|$를 알 수가 없지요?

 임의로 $\vec{p}$ 라고 넣었으니까요.

 여기서 삼각비 수업에서 배운 걸 떠올려 보세요. $\vec{a}, \vec{p}, \vec{q}$ 라는 3개의 벡터만 중점적으로 보면 직각삼각형 모양입니다.

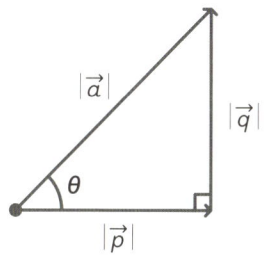

 오! 언제부터 삼각형이었던 거지?

 만약 $\vec{a}$와 $\vec{p}$가 이루는 각을 θ라고 하면 $\vec{p}$의 크기를 $\vec{a}$와 θ로 나타낼 수 있습니다. 여기서 사용하는 삼각비가 어떤 거였는지 기억나나요?

 비스듬한 변을 지나 밑변으로 가는 건 영어의 c니까… cos!

 흠잡을 데 없는 정답입니다! 먼저 지나는 쪽이 분모에 오기 때문에 $\vec{a}$의 크기 분의 $\vec{p}$의 크기고 이것이 cosθ입니다. 우리가 여기서 알고 싶은 건 크기뿐이니 절댓값 기호를 써서 식으로 표현하면 이렇습니다.

$$\frac{|\vec{p}|}{|\vec{a}|} = \cos\theta$$

$|\vec{p}|$의 값을 알고 싶으니 양변에 $|\vec{a}|$를 곱합니다.

$$\frac{|\vec{p}|}{|\vec{a}|} = \cos\theta$$

$$|\vec{p}| = |\vec{a}|\cos\theta$$

 이 식을 아까 남은 $|\vec{p}||\vec{b}|$에 대입하면 이렇게 됩니다.

$$\vec{a}\cdot\vec{b} = |\vec{p}||\vec{b}|$$

↓ $|\vec{a}|\cos\theta$로 변환한다.

$$= |\vec{a}||\vec{b}|\cos\theta$$

$$\boxed{\vec{a}\cdot\vec{b} = ab\cos\theta}$$

 이것이 $\vec{a}$와 $\vec{b}$의 내적을 정의한 것입니다. 깔끔하지요.(뿌듯)

 엇, 절댓값 기호를 빠뜨리신 것 같은데요. 선생님이 이런 실수를?

 하하. 제가 그런 실수를 할 리 없지요. 소문자 a만 쓰면 크기를 나타내는 스칼라이니까 이렇게만 써도 됩니다. 다시 말해 $|\vec{a}|=a$, $|\vec{b}|=b$로 나타냅니다. 그리고 ab는 그냥 곱셈이니까 ab=ba이지요. 그러므로 $\vec{a}\cdot\vec{b}=\vec{b}\cdot\vec{a}$가 된다는 사실도 알 수 있습니다.

벡터만 있으면 코사인 정리는 한 방에 끝!

5일째 5교시

벡터의 기본을 꽉 잡았으니 이제 벡터의 위력을 느껴 볼 시간입니다. 4일째에서 했던 코사인 정리를 벡터로 증명해 봅시다.

✓ 벡터로 코사인 정리 단숨에 이끌어 내기!

 이제 대망의 코사인 정리를 증명하겠다는 목표 지점에 도달했군요.

 아, 그런 목표가 있었지. 그러고 보니 수업 초반에 벡터는 기하 문제를 대수로 다룰 수 있게 만드는 편리한 도구라고 말씀하셨는데, 지금까지는 머리 아픈 퍼즐 게임이라는 느낌만 있지 아직 전혀 체감이 안 되는데요.

 후후후. 지금부터 느끼게 될 겁니다. 벡터의 개념을 잡는 과정은 퍼즐 게임 같았겠지만 실전은 그렇지 않을 겁니다. 어떤 도형이든 식으로 다룰 수 있는 걸 보면 보통 퍼즐 게임이 아니었단 걸 느끼실 거예요.

 오~ 기대됩니다!

바로 본론으로 들어가 볼까요? 먼저 변 a, b, c로 이루어진 삼각형을 그려 보세요. a와 b가 이루는 각은 θ입니다. 변의 길이는 변의 이름과 똑같이 각각 a, b, c로 하겠습니다.

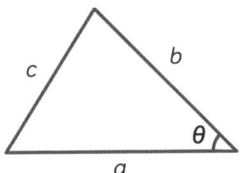

 벡터를 모르는 중학생이라면 여기서 보조선을 잔뜩 그릴 텐데 벡터를 배웠다면 다르게 접근하겠지요.

 엣헴. 벡터를 배운 어른으로서 거들자면… 3개의 변을 벡터로 만들어 볼 거 같습니다.

 아주 좋아요. 구체적으로는 시점과 종점을 정해서 시점에 동그란 점을 찍고 종점에 화살표 머리를 그립니다. 어디를 시점으로 할지는 자유롭게 정해도 됩니다.

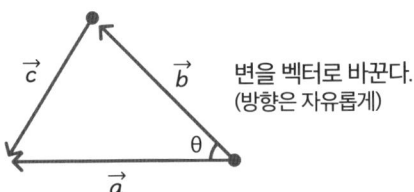

변을 벡터로 바꾼다.
(방향은 자유롭게)

 그다음 단계에서는 방금 마음대로 정한 벡터의 위치 관계를 식으로 나타냅니다. 여기서 대수로 만듭니다. 제가 그린 그림은 식이 이렇게 됩니다.

$$\vec{c} = \vec{a} - \vec{b}$$

 쓱싹쓱싹 거침없이 식을 뽑으시네요.

 그래서 벡터가 대단한 것이지요. 물론 익숙해지기 전까지는 한 점에서 다른 점으로 가는 2가지 경로를 찾는다고 상상하세요.

 2개요?

 네. 출발점과 도착점으로 가는 경로가 2가지라면 등호(=)로 연결할 수 있잖아요. 그게 벡터의 합의 정의거든요. 등호(=)로 연결할 수 있다는 말은 식을 만들 수 있다는 뜻입니다. 예를 들어 좌변을 $\vec{c}$의 경로로 가겠다고 정했다면 우변은 같은 시점과 같은 종점을 가진 다른 경로를 생각하면 됩니다. 이번에는 제가 임의로 정한 $\vec{b}$를 마이너스로 변환해서 $\vec{a}$랑 더하면 될 것 같다고 말이지요.

 재미있네요. 벡터의 덧셈과 뺄셈을 이용한 퍼즐 게임을 만들면 초등학생도 가능하겠는데요.

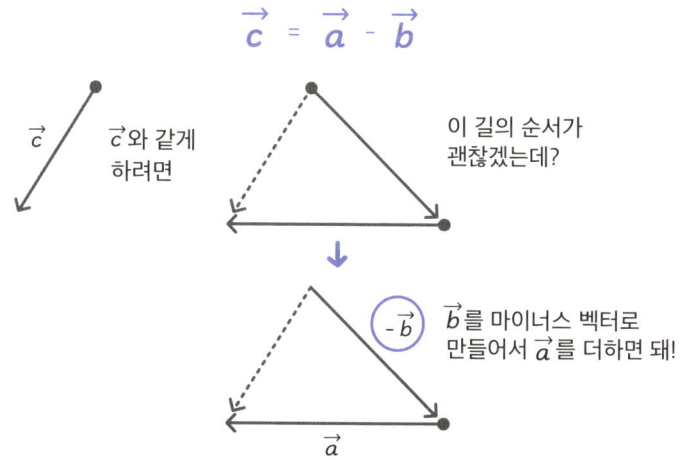

하하. 머리는 아프겠지만 확실히 고등학생이 됐을 때 수학 시간이 덜 괴롭겠네요. 아무튼 식이 완성되었다면 세 번째 단계로 넘어가겠습니다. 양변에 2제곱씩 합니다. 내적을 계산하는 것이지요.

$$\vec{c} \cdot \vec{c} = (\vec{a} - \vec{b}) \cdot (\vec{a} - \vec{b})$$

혹은

$$|\vec{c}|^2 = |\vec{a} - \vec{b}|^2$$

 엥? 갑자기 2제곱을 하나요?

 이번에는 코사인 정리를 이끌어 내야 하기 때문이지요. 코사인 정리는 변의 길이의 관계를 나타내는 식이었지요? 코사인 정리뿐만 아니라 대부분의 기하 문제에서는 관계성이 아니라 실제 '길이'나 '각도' 등 스칼라를 구해야 합니다.

그러나 지금 식은 벡터의 관계식 상태입니다. 식을 세우는 건 간단하지만 스칼라로 만들어 현실적인 값으로 변환하지 않으면 계속 추상적인 상태로 남아 있습니다. 길이의 관계식을 만드는 가장 간단한 방법이 바로 벡터를 2제곱해서 내적을 계산하는 것이지요.

 음… 절댓값 기호를 붙이는 건 안 되나요?

그것도 괜찮지만, 식이 전개가 안 돼요. 우리의 목적은 길이나 각도를 스칼라로 만드는 거니 2제곱을 하는 방법이 빠릅니다. 양변에 모두 2제곱을 하면 관계식은 무너지지 않지만 스칼라라는 현실적인 숫자가 나오니까요.

 그렇군요.

 그래서 어떤 도형 문제를 벡터로 풀 때도 반드시 2제곱을 해서 스칼라로 만듭니다. 참고로 벡터의 2제곱은 '방향이 같은 벡터의 곱셈'과 똑같습니다. 단순히 2제곱만 하면 됩니다.

 2제곱만 하면 된다…(중얼)

 이제 벡터로 코사인 정리를 한 방에 끌어내는 모습을 보여드리지요.

$$|\vec{c}|^2 = |\vec{a} - \vec{b}|^2$$
$$= \underline{\vec{a} \cdot \vec{a} - \vec{a} \cdot \vec{b} - \vec{b} \cdot \vec{a} + \vec{b} \cdot \vec{b}}$$

↓ 묶을 수 있다.

$$= |\vec{a}|^2 - 2\underbrace{\vec{a} \cdot \vec{b}}_{ab\cos\theta} + |\vec{b}|^2$$

$$\boxed{c^2 = a^2 - 2ab\cos\theta + b^2}$$

코사인 정리

짠! 코사인 정리를 이렇게 간단히 이끌어 냈습니다. 보조선은 하나도 긋지 않았지요. 대단하지 않나요?

 와… 확실히 벡터를 알기 전이라면 팔 아프게 보조선 그었다 지웠다 하고 있을 텐데 식으로 쓰니까 뭔가 한 방에 정리된 거 같네요. 시험지도 깔끔하겠어요.

 이게 바로 벡터가 위대한 이유지요. 게다가 <u>벡터를 쓰면 오각형이든 팔각형이든 모르는 변의 길이를 단 몇 줄 만에 알아낼 수 있다</u>는 겁니다. 그때도 이 3단계를 똑같이 거치기만 하면 합니다.

> 1. 도형을 벡터로 변환한다.
> 2. 알고 싶은 변(벡터 상태에서)을 좌변에 놓고 시점과 종점이 같지만 길이가 다른 곳을 찾아 우변에 놓는다. 즉, 식으로 만든다.
> 3. 양변을 2제곱한다.

 아! 길이를 모르는 변들 사이의 관계식은 쉽게 만들 수 없지만 <u>벡터로 하면 추상적이긴 해도 쉽게 식을 세울 수 있군요!</u>

 그렇습니다! 수학이란 식을 세우기까지가 중요한데 벡터를 사용하면 식을 아주 쉽게 세울 수 있습니다. 일단 식으로 만든 다음에 2제곱을 해서 스칼라로 되돌리면 모르는 변의 길이를 구할 수 있지요. 코사인(cos)이라는 개념도 함수 계산기면 아주 간단하게 값을 구할 수 있고요.

게다가 모든 변을 벡터로 만들 필요도 없고 대부분 바깥쪽 변만 벡터로 만들면 됩니다. 그 안에 있는 변은 대각선이니까 벡터의 합으로 간단하게 나타낼 수 있지요.

✔ 몇 차원이든 다룰 수 있는 벡터

 무슨 도형이든 가능하다고 하셨으니 원도 가능한가요?(설마 이건 안 되겠지)

 물론 됩니다.(단호) 원의 벡터는 '크기'에 반지름이 들어가고 '방향'은 모든 방향입니다. 반지름이 1인 원을 벡터로 나타내면 $|\vec{r}| = 1$입니다.

원의 방정식 $|\vec{r}| = 1$

 원이 된다니…! 그럼 입체 도형도 되나요? 입체 도형도 도형인데…

 물론이지요. 3차원도 가능합니다! 시점과 종점이 있어서 방향이 정해져 있고 화살표의 길이가 크기를 나타낸다는 부분은 완전히 똑같기 때문에 입체 도형도 똑같이 생각하면 됩니다.

 하지만 3차원이 되면 z축이 늘어나니까 정보도 늘어나는 거 아닌가요?

 화살표를 연결할 때 z축도 고려해야 하는 건 맞습니다. 그래도 벡터 2개의 위치 관계만 생각하면 이루는 각은 하나밖에 없잖아요? 그것이 공간에 붕 떠 있다 해도 벡터 2개를 볼 때는 '면'으로 생각하지 않습니까?

그런가…

 그러니 공간이든 평면이든 변하는 건 없습니다. 공간을 다루는 기하 문제는 무궁무진한데다 무척 복잡한데 벡터만 있으면 아주 간단하게 해결할 수 있어요.

 이제 슬슬 선생님이 말씀하신 벡터의 위력이 느껴지기 시작하는데요. 추상화한 벡터로 계산했다가 현실에서 사용하기 위해 스칼라로 되돌린다니. 새삼 느끼는 거지만 인간의 발상은 대단하네요. 이런 복잡한 개념도 숫자, 문자로 뚝딱 정리하다니.

 2개의 정보를 동시에 가지는 기호를 다룰 일이 생각보다 흔치 않기는 하지요. 거기다 추상적인 개념을 현실 문제로 바꿀 수 있으니 정말 어디든지 쓰입니다. 자동차나 인간의 움직임도 전부 벡터로 나타낼 수 있습니다. 그리고 여기에 미분을 더하면 '정체학'이라는 연구와 이어질 수도 있습니다. 제 전공이지요.

 벡터를 미분?! 벡터와 미분이 연결되어 있다니 신기하네요. 저… 설마 지금 그걸 다루실 생각은 아니시죠…?(애절)

 하하. 대학에서도 실제로 벡터의 미분방정식이라는 걸 가르치지요. 김수포 씨가 원한다면 언제든지 알려드릴 순 있지만…

 원하지 않습니다.(단호) 아무튼 중요한 건 벡터의 잠재력이 어마어마하다는 거네요.

 그렇지요. 그걸 느낀 것만으로도 충분합니다. 깊이 알지는 못해도 잠재력을 느낀 것만으로 수업의 가치가 있었네요.(흐뭇)

 벡터라는 개념조차 없었는데 어느새 제 머리에 벡터의 유용함까지 집어넣으셨군요. 흑흑. 역시 선생님은 대단하십니다!

6일째

<방과 후 특강②>
미분·적분으로 미래 예측하기

인류의 보물! 미분·적분

수학의 3대 분야 대수, 해석, 기하 중 하나인 해석. 해석은 사실 미분·적분을 뜻합니다. 미분·적분은 생각보다 많은 직장인이 매일 활용할 만큼 강력한 무기인데요. 오늘은 바로 이 미분·적분을 순식간에 짚고 넘어갑시다.

✓ 미분·적분과 함수의 관계

드디어 마지막 날이군요. 오늘은 인류의 보물! 미분·적분을 해볼… 웬일로 들떠 보이네요?

이야~ 새삼 멀리까지 왔구나 하는 생각이 들어서요. 솔직히 4일째쯤 대충 이해한 척하고 집에 가려고 마음먹었는데 벡터까지 하고 나니 조금 제대로 해볼 마음이 들었습니다!

훌륭합니다! 저도 힘이 나네요! 그럼 다시 본론으로 돌아가 오늘은 해석 영역의 끝판왕, 인류의 보물! 미분·적분을 해보겠습니다. 먼저 미분·적분의 개념을 빠르게 짚고 넘어가자면, 가로세로가 1m인 정사각형 나무판자로 연못의 면적을 구하려면 어떻게 해야 할까요?

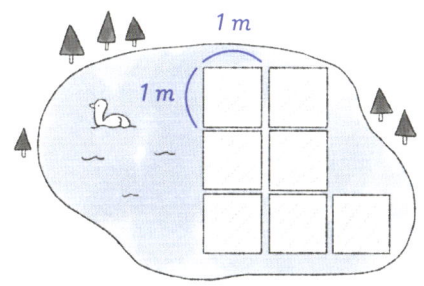

 아하~ 연못은 직선이 아니니까 꼭 맞게 들어가진 않겠군요.

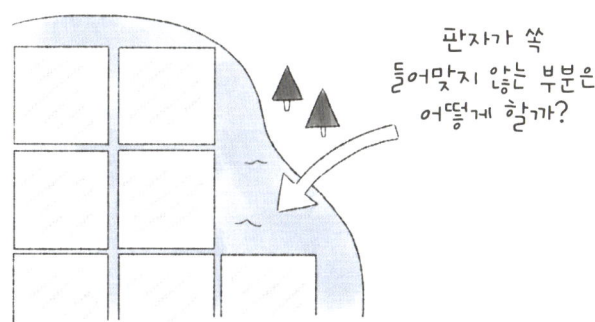

 혹시 판자를 잘게 쪼갠다…?

 그렇습니다! 간단하지요? 측정하는 기준을 점점 작게 만들어서 대상을 미세하게 나누어 재면 됩니다. 이것이 바로 미분입니다. 그리고 그 결과를 다시 더하는 것이 적분이지요.

 미세하게 나눠서 미분, 나눈 것을 쌓아서 적분!

좋아요. 그걸 머릿속으로 그릴 수 있으면 고등 문과 수학에서의 미분·적분은 사실 끝입니다. 하지만 오늘은 대수의 수열이라는 아이템을 얻었으니 적분의 세계로 조금 더 깊이 파고들려고 합니다.

 (의욕) 네!

 오늘 배울 것 중 일부는 고등 문과 수학의 영역을 넘어가긴 하지만 미분·적분은 '인류의 보물'이니 알아 두는 게 절대 손해는 아닐 겁니다! (단호)

✔ 메인 요리 등장, 삼각형의 넓이

 그럼 바로 시작해 볼까요? 몸풀기로 초등학교 문제부터 풀어 보겠습니다.

 (비장) 준비됐습니다! 덤벼!

 여기에 직각이등변삼각형이 있습니다. 밑변과 높이는 1입니다. 그럼 이 삼각형의 넓이는 몇일까요?

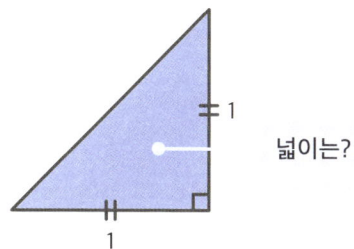

넓이는?

 아… 잠시만요. (쭈글) 음… 삼각형 넓이 공식이 밑변×높이÷2니까… 1의 절반인 $\frac{1}{2}$이요.

 정답입니다! 이 $\frac{1}{2}$이라는 게 오늘의 주제입니다. 왜 $\frac{1}{2}$이 되는지는 그림을 보면 한눈에 알 수 있지요. 한 변의 길이가 1인 정사각형을 대각선을 따라 한 번 접으면 넓이는 절반으로 줄어듭니다.

 네? 아… 네. (당연하잖아요…)

 하하. 무슨 당연한 소리를 하냐는 표정인데요. 너무 당연한 것처럼 보이지만 사실 그 개념이 아주 중요합니다. 정사각형의 넓이는 한 변과 한 변을 곱한 것으로 초등학생도 계산할 수 있을 정도로 간단하지요. 그걸 반으로 접었으니 넓이도 절반이 된다는 사실은 바로 알 수 있습니다. 그럼 여기서 다음 문제. 대각선에 해당하는 변이 포물선을 그린다면?

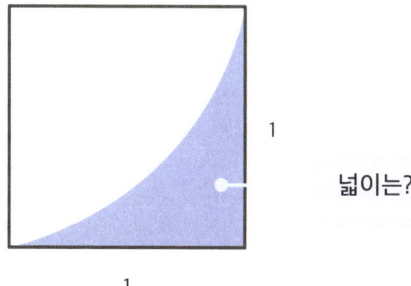

넓이는?

엇… 갑자기 종이접기에서 종이 공예로 넘어간 것 같은데요?

 갑자기 복잡해지지요? 아마 대부분 중학생들은 풀지 못할 테고 고등학생들도 한번 멈칫할 겁니다. 그리고 어른은 이런 거 알아서 어디 쓰냐며 도망갈 거예요. 하하.

 제 기분이 그래요.

 사실 이 포물선은 $y=x^2$이라는 가장 단순한 이차함수입니다. 그리고 정사각형의 일부가 이 이차함수로 잘렸을 때 그 부분의 넓이는 정사각형의 $\frac{1}{3}$이 된다는 훌륭한 공식이 있습니다.

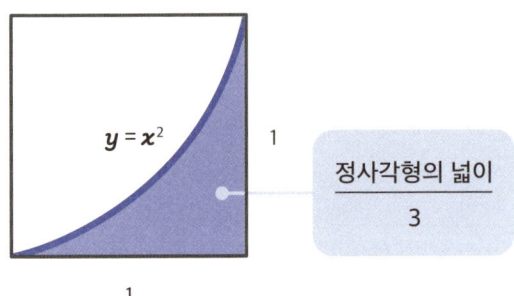

 제가 잘 모른다고 대충 넘어가시려는 건가요…?

 하하. 그렇게 의심이 갈 만큼 깔끔한 공식이지요. 하지만 저를 믿으세요. 여기서 아까 나왔던 직각이등변삼각형에 다시 주목해 봅시다. 이 삼각형을 좌표 위에 올려놓으면 비스듬한 변은 $y=x$라는 일차함수로 나타낼 수 있습니다.

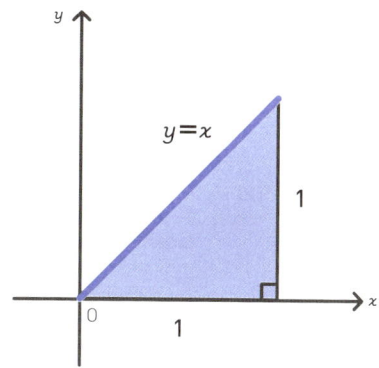

 다시 말해 일차함수로 정사각형을 자르면 남은 삼각형의 넓이는 정사각형의 $\frac{1}{2}$이 된다는 뜻입니다.

 오오! 그냥 도형 문제라고 생각하면서 보고 있었는데 어느새 좌표와 그래프의 세계로 와 있네?!

 이렇게 경계를 넘나드는 부분에서 수학이 진가를 발휘하는 거지요. 기하를 함수적으로 다루면 해석이나 대수 지식까지 활용할 수 있습니다. 살짝 눈썰미가 있다면 눈치채는 사람도 있을 텐데 혹시 김수포 씨는…?

 (해맑) 네?

 (휴… 그럼 그렇지…) 자, 일차함수 때는 $\frac{1}{2}$이 됩니다. 이차함수일 때는 $\frac{1}{3}$이고요. 그럼 삼차함수는 혹시 $\frac{1}{4}$ 아닐까? 설마 이렇게 술술 풀릴 리가… 할 텐데 맞습니다. 1과 $\frac{1}{2}$, 2와 $\frac{1}{3}$이라는 관계성의 배후에 있는 것이 바로 적분입니다!

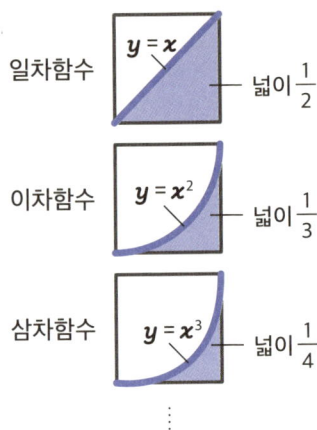

일차함수 $y=x$ — 넓이 $\frac{1}{2}$

이차함수 $y=x^2$ — 넓이 $\frac{1}{3}$

삼차함수 $y=x^3$ — 넓이 $\frac{1}{4}$

⋮

✔ 뉴턴 VS 라이프니츠, 두 천재의 치열한 두뇌 싸움

 그걸 제대로 증명한 사람이 독일 수학자 라이프니츠입니다. 같은 시대를 살았던 영국 수학자 뉴턴이 기초가 되는 아이디어를 만들고 라이프니츠가 완성했지요.

배짱 한번 좋구나!

해볼 텐가?

고트프리트 라이프니츠
(1646-1716)

아이작 뉴턴
(1643-1727)

엇, 낯익은 이름! 뉴턴은 만유인력의 법칙을 발견한 물리학자 아닌가요? 직업이 두 개?

 그는 미분·적분법을 발견한 수학자이기도 합니다. 실제로 수학회에서도 이 둘 중 누가 미분·적분이라는 개념을 만들었는지 의견이 갈려 뜨거운 논쟁이 이루어졌지요. 두 사람 모두 엄청난 천재인지라 영국과 독일의 자존심 문제이기도 하죠.

 예? 아니 이게 뭐라고 나라 간 싸움이…

 나라 간 싸움으로 번져서라도 원조임을 주장하고 싶을 정도로 감동적이고 아름다운 공식이지요. 고등 이과 수학 과정에서도 3학년에 접어들어야 배우게 되지요. 아주 중요한 내용입니다.

✅ 어떻게 나누는 게 가장 좋을까?

 오늘 수업에서는 일차함수만으로 설명을 끝내 보겠습니다. 이젠 익숙한 직각이등변삼각형을 그려 볼까요?

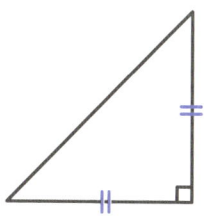

미분·적분의 기본 개념은 넓이나 길이를 잘게 나눠서 나중에 더한다는 것이었지요. 삼각형도 마찬가지입니다. 직각이등변삼각형의 넓이는 공식을 이용해서 단번에 계산할 수도 있지만, 사실은 나눠서 더해도 계산할 수 있습니다. 다시 말해 미분·적분으로 넓이를 알 수 있지요.

 엥? 미분·적분으로 삼각형의 넓이를 알 수 있다고요?

 중학 과정에서 나누는 부분까지는 다뤘지만 더하는 부분은 생략했었지요. 왜냐하면 더하는 과정에 수열의 합이라는 대수가 나오니까요. 하지만 우린 수열의 합을 마스터했으니 적분을 시작할 수 있게 된 겁니다! (의욕) 자, 그럼 어떻게 삼각형을 나눌까요?

 흠… 대충 나눴다간 뭔가 문제가 있을 거 같은데…

 좋은 접근입니다! 규칙적으로 나눠야 한다는 건 감각적으로 알겠죠? 이 규칙을 처음 만들어낸 사람이 바로 뉴턴입니다. 실제로 인도 천체물리학자 수브라마니안 찬드라세카르의 《프린키피아 강의》라는 책에 뉴턴이 세계 최초로 미분·적분법을 소개했다는 설명이 있어요.

제목부터 저와 굉장히 거리가 멀다는 게 느껴지네요.

두께도 엄청나답니다. 저도 읽으려고 뒀다가 연구실 장식품이 되고 말았지요. 하하. 아무튼 이 책에 미분·적분법에 대한 설명이 있어요. 이렇게 미분·적분법이 세상에 나왔습니다. 그것을 라이프니츠, 오일러 같은 천재 학자들이 발전시켰고 더 폭넓게 쓸 수 있는 무기로 진화했습니다.

아하… 목차 이외에는 한 마디도 이해가 안 돼요. 흑흑.

내용은 사실 아주 간단합니다. '넓이를 구할 때는 세로로 길고 가느다랗게 똑같은 간격으로 자른 다음 잘라 낸 세로 막대의 넓이를 구하고 마지막에 더하세요'입니다.

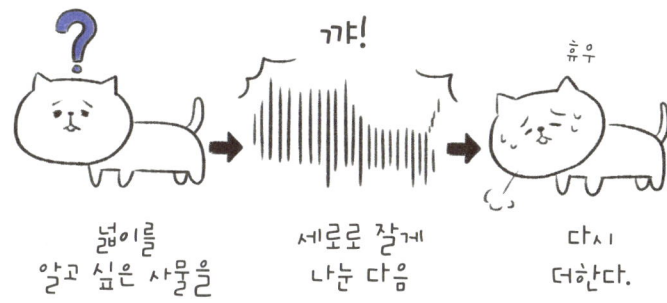

그걸 이렇게 두꺼운 책으로 만들었다니…(궁시렁) 아! 좀 전에 연못 위에 띄운 판자로 연못 넓이를 구하던 예와 똑같군요.

 하지만 뉴턴은 그것만 생각한 게 아닙니다. 예를 들어 삼각형을 세로로 가늘게 나눴다 해도 세로로 자른 게 완전한 직사각형이 아니지 않습니까?

 헉! 그렇구나! 아직 위쪽에 삼각형이 남아 있네요. 이제 어쩌죠…?(불안)

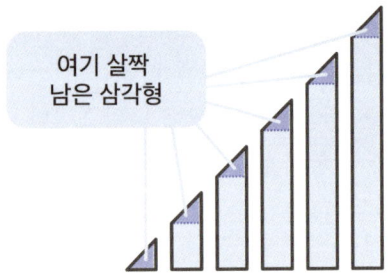

여기 살짝 남은 삼각형

 뉴턴이 대단한 점이 이 부분인데요. 대단하면서도 아주 간단합니다. 더 나누는 겁니다.

 굉장히 간단한데… 대담하네요.

 그런데 이 대담함이 먹힌 겁니다. 왜냐하면 잘라 낸 세로 막대를 직사각형이라고 정해버리면 비스듬한 변이 직선이든 곡선이든 상관이 없어지니까요. 잘라 낸 세로 막대의 넓이를 측정하기 위해서는 사다리꼴의 넓이를 알아야 하거든요. 그걸 알았다 해도 앞에서 보여 준 것처럼 포물선으로 잘린 막대의 넓이는 잘 모르지 않습니까?

 와우. 이게 바로 천재의 발상인가요?

천재적이죠? 꼼꼼하게 넓이를 구하려고 하면 평생을 쏟아도 답이 나오지 않아요.

 그런데 한 가지 문제가 있습니다. 세로 막대를 직사각형으로 보면 '조금 작게 볼까', '조금 크게 볼까'에서 차이가 생깁니다. 이렇게 말이에요.

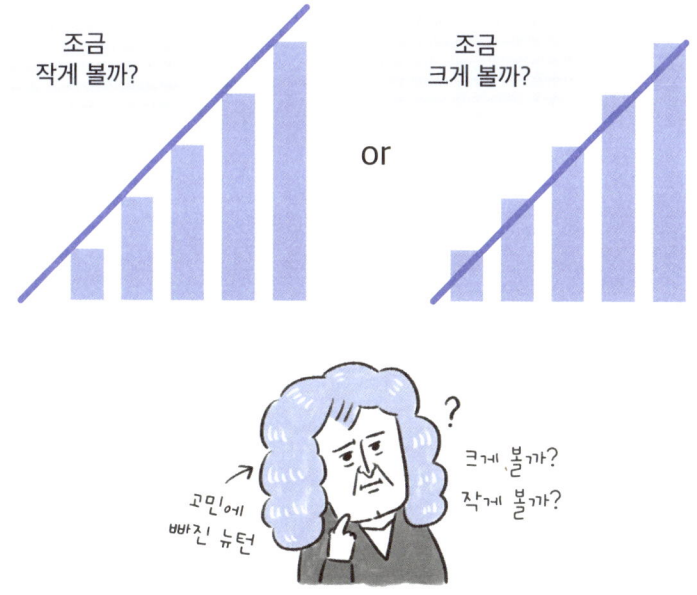

아~ 도형 안쪽 삼각형을 볼 것인지, 바깥쪽 삼각형을 볼 것인지가 남았군요.

 그렇습니다. 사실 어느 쪽이든 결과는 같습니다. 이것도 미분·적분의 대단한 점이지요!

✓ 삼각형의 넓이를 미분·적분으로 계산하기

 직각이등변삼각형의 밑변과 높이를 a로 놓겠습니다. 그러면 넓이는 $a \times a \times \dfrac{1}{2}$입니다. 수학 느낌 물씬 내려면 $\dfrac{a^2}{2}$이라고 표기할 수 있겠지요?

 (멀찍) 아하…

 벌써 거리 두지 마세요. 하하. 겉보기에는 이래 보여도 사실은 초등학생도 풀 수 있을 정도로 간단합니다.

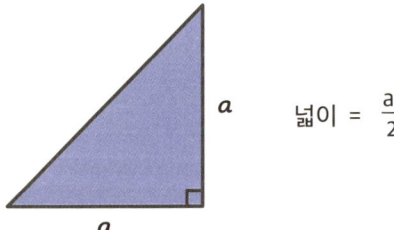

넓이 $= \dfrac{a^2}{2}$

 다음으로 삼각형의 넓이를 미분·적분으로 이끌어 내겠습니다. 그 첫 번째 단계는 이 도형을 좌표축 안에 쏙 넣는 것입니다.

 이 삼각형은 일차함수였나요?

그렇습니다. 삼각형의 밑변에 해당하는 것이 x축입니다. 비스듬한 변에 해당하는 것이 $y=x$ 그리고 높이에 해당하는 것이 $x=a$라는 세로선입니다.

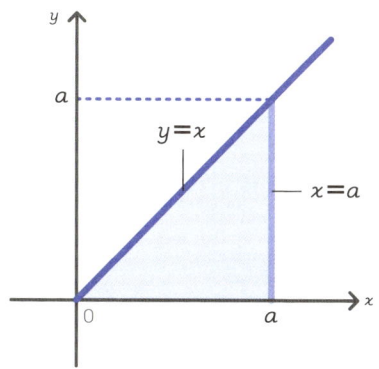

 재료를 모두 모았으니 이 삼각형을 3등분해서 썰어 보겠습니다. 세로 막대 하나의 가로 너비는 얼마인가요?

 a의 $\frac{1}{3}$이니까 $\frac{a}{3}$?

 그렇습니다. 그래서 x축은 0부터 $\frac{a}{3}$, $\frac{a}{3}$부터 $\frac{2a}{3}$, $\frac{2a}{3}$부터 a이니까 총 3개로 자를 수 있어요.

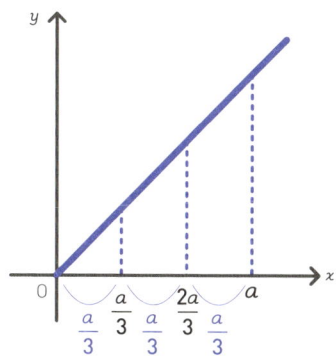

269

3등분이 되었습니다! 여기까진 일단 따라왔어요.

 좋습니다. 그럼 다음으로 각각 자른 막대 안에 직사각형 막대를 만들어 볼까요? 직사각형의 왼쪽 위가 $y=x$와 닿는 곳이 높이라면 제일 왼쪽에는 막대를 만들 수 없습니다. 중간에 있는 막대의 높이가 $\frac{a}{3}$, 오른쪽 막대의 높이는 $\frac{2a}{3}$입니다. 여기까지는 어렵지 않지요?

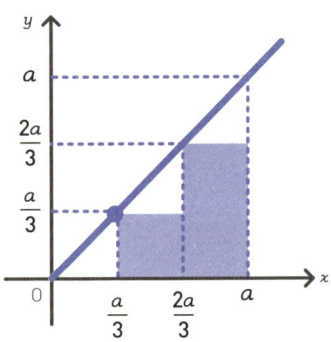

 아… 아마도요…?

 그럼 시험 삼아 이 직사각형 2개의 넓이를 계산해서 더해 봅시다. 이렇게 나눈 것들을 더하는 걸 적분이라고 합니다.

$$\frac{a}{3} \times \frac{a}{3} + \frac{a}{3} \times \frac{2a}{3}$$
$$= \frac{a^2}{9} + \frac{2a^2}{9}$$
$$= \frac{3a^2}{9}$$
$$= \frac{a^2}{3}$$

분모가 3이군요. 아깝다…

 아깝네요. 정답은 $\dfrac{a^2}{2}$이 되어야 하는데 $\dfrac{a^2}{3}$입니다. 이 오차는 물론 막대로 만들 때 버린 삼각형의 몫이지요. 그럼 어떻게 해야 할까요? 여기서 뉴턴은 발견했습니다. 3등분으로는 너무 차이가 크니까 100등분, 1,000등분, 아니 무한대로 분할하면 넓이가 같아진다는 걸 말입니다. 이것이 아마 인류가 만들어 낸 최고의 아이디어입니다.

 무한대라고요? 수학자가 그렇게 추상적인 표현을 써도 되나요?

 수학이야말로 추상적인 걸 다루기 좋은 학문이니까요. 방법은 간단합니다. 여기서도 문자를 써서 n등분한다고 가정하면 됩니다. 그러면 막대 하나의 너비는 밑변의 $\dfrac{1}{n}$로 표현할 수 있지요? 실제로 삼각형의 일부를 썰어 봅시다. 첫 막대는 $x = \dfrac{a}{n}$입니다. 다음 막대는 $x = \dfrac{2a}{n}$이지요.

 다음은 $x = \dfrac{3a}{n}$이겠군요.

 그렇지요. 이런 식으로 계속 이어지는 겁니다. 그리고 마지막 막대의 x의 값을 나타내야겠지요? 감이 오나요?

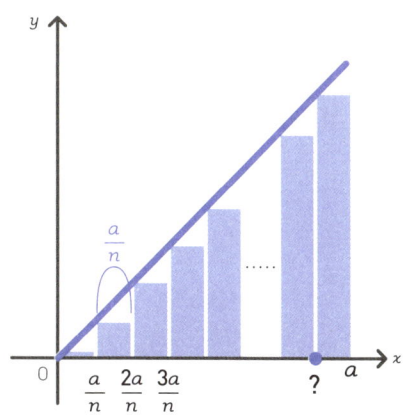

으음. 갑자기 두통이…

하하. 조금 어려울 수도 있지만 2일째 2교시에서 배웠던 수열을 떠올리면 어렵지 않습니다. 규칙적으로 이어지는 수열에서 어떤 값이 될지 모른다면 간단한 예를 들어 실제로 적어 보면 됩니다.

아! (깨달음) 이렇게 이어지다니!

만약 5등분한다면 x축의 0부터 a 사이에 4개의 구간을 만들어야 합니다. 그건 어느 값인가요?

$\frac{a}{5}, \frac{2a}{5}, \frac{3a}{5}, \frac{4a}{5}$ 입니다.

그렇습니다. 마지막 구간은 $\frac{4a}{5}$ 입니다. 다시 말해 n등분한다면 $\frac{(n-1)a}{n}$ 가 됩니다. 이걸로 x의 값이 정해졌으니 이번에는 '막대의 넓이'를 보겠습니다. y=x라는 함수니까 높이 y는 x와 같습니다. 따라서 막대 넓이의 합은 이렇게 구할 수 있습니다.

$$\frac{a}{n} \times \frac{a}{n} + \frac{a}{n} \times \frac{2a}{n} + \frac{a}{n} \times \frac{3a}{n} + \cdots + \frac{a}{n} \times \frac{(n-1)a}{n}$$

더하기만 하면 되니 진짜 초등학생도 할 수 있는 거였군요! (빈말인 줄 알았는데…)

저를 믿으라니까요. 이걸로 준비가 끝났습니다. 이제 식을 변형하겠습니다. 모든 막대의 면적에 $\frac{a}{n}$ 가 공통항으로 들어가 있다는 걸 눈치채셨나요?

(유심) 그렇네요! 밑변의 길이가 같으니 사실 당연한 거였군요.

 공통항이 있을 때는 묶어야지요. 이게 중학교에서 배우는 인수분해입니다. 그러면 식은 이렇게 됩니다.

$$\frac{a}{n}\left\{\frac{a}{n}+\frac{2a}{n}+\frac{3a}{n}+\cdots+\frac{(n-1)a}{n}\right\}$$

 여기서 괄호로 묶인 부분을 자세히 보면 또 공통항이 있습니다.

 음… 아! $\frac{a}{n}$인가요?

 그렇습니다! 그러니 이것도 묶어서 괄호 밖으로 빼봅시다.

$$\frac{a^2}{n^2}\{1+2+3+\cdots+(n-1)\}$$

 오! 괄호 안이 엄청 깔끔해졌어요.

 게다가 $1+2+3+\cdots+(n-1)$이라는 식, 어디서 본 적 있지 않나요?

 공차가 1인 등차수열!

 맞습니다. 대수의 지식이 여기서 연결됩니다. 잠깐 복습해 보면 등차수열의 합을 구하는 방법은 뒤집어서 더하기였지요(가우스는 정말 천재예요). 수열의 처음과 끝을 더하면 되니 식으로 나타내면 $1+n-1$이므로 n입니다. 그것이 $n-1$ 쌍이 있으니까 두 수열의 합은 $n(n-1)$입니다. 이건 수열 2개를 합친 것이므로 마지막에는 2로 나누면 됩니다.

$$\begin{array}{r} 1 + 2 + 3 + \cdots + n-1 \\ +\ n-1 + n-2 + n-3 + \cdots + 1 \\ \hline n + n + n + \cdots + n \end{array}$$

$$\dfrac{n(n-1)}{2}$$

← 위아래를 더하면 n이 된다. 쌍이 $n-1$개 있다.

← 위의 식은 수열을 2개 합친 것이므로 2로 나눈다.

 아~ 고작 며칠 전 일인데 아득히 멀게 느껴지네요. 새록새록 기억이 납니다.

 이렇게 (1+2+3+⋯+n-1)이라는 식을 줄임표를 쓰지 않고 나타냈습니다. 이걸 원래 식에 대입해 봅시다.

$$\dfrac{a^2}{n^2} \{1+2+3+\cdots+(n-1)\}$$

$$= \dfrac{a^2}{n^2} \times \dfrac{n(n-1)}{2}$$

 여기부터가 중요합니다. n이 엄청 큰 값이라 생각하고 $\dfrac{n(n-1)}{2}$ 부분에 주목해 주세요.

 (뚫어져라)⋯아무것도 안 보이는데요.

예를 들어 n이 100억이라면 n-1은 99억 9,999만 9,999입니다. 이건 거의 100억이나 다름없습니다. 100억 원을 가진 부자에겐 1원 정도 줄어들어 봤자 아무 변화가 없잖아요?

하긴…(수긍)

그럼 n-1도 n이라고 치자! 이게 바로 뉴턴이나 라이프니츠의 아주 대담하면서도 획기적인 발상입니다.

수학의 세계도 의외로 주먹구구식으로 흘러가는군요.

$$= \frac{a^2}{n^2} \times \frac{n(n-1)}{2}$$

에잇!

$$\rightarrow \frac{a^2}{n^2} \times \frac{n^2}{2}$$

n의 값이 크다면 1이라는 오차는 무시할 수 있다.
↓
n²이라고 생각하자!

$$= \frac{a^2}{2}$$

n-1을 n으로 치면 식의 오른쪽 항이 $\frac{n^2}{2}$이 됩니다. 그러면 왼쪽 항의 분모인 n²과 같이 없앨 수 있지요. 결국 $\frac{a^2}{2}$만 남게 됩니다. 이렇게 삼각형의 넓이 $\frac{a^2}{2}$을 기하 공식을 쓰지 않고 미분·적분으로 도출했습니다. 대단하지 않습니까?

(멍)…대, 대단합니다.

똑같은 방법을 이차함수로 잘라 낸 도형의 넓이를 구할 때도 쓸 수 있습니다.

 저 이제 집중력의 한계가…(비틀)

 하하. 그럼 계산 과정은 생략하고 결과만 말씀드리자면 $\frac{a^3}{3}$이 됩니다. 삼차함수는 $\frac{a^4}{4}$이 되고요.

 결과만 알려 주시니 좋네요. 일차함수로 적분을 이해할 수 있다니. 신기합니다.

 미분·적분은 어떤 함수든 사용할 수 있으니까 일차함수도 상관없지요. 즉, 수열의 합을 중학교 때 배우면 중학생도 간단히 미분·적분이 가능하다는 겁니다. 문과생도 마찬가지지요.

 확실히 처음에 개념을 잡는 데서 조금 애먹긴 했지만, 실제 계산 과정이 복잡해서 못하겠다 싶은 건 없었어요.

 미분·적분을 배울 때는 극한이라는 개념을 이해하는 것이 가장 중요합니다. 다시 말해 대상이나 값이 클 때 미세한 차이는 무시할 것이냐 아니냐에 달렸습니다. 자잘한 부분에 신경 쓰지 않고 천문학적 규모로 생각할 수 있는가가 문제지요.

그래서 저는 '500-1은?'이라는 문제에 아이가 '거의 500'이라고 대답하면 선생님들은 그 아이에게 참 잘했다고 칭찬했으면 해요. 그 발상이 바로 세상을 바꿨으니까요!

발상이 세상을 바꾼다라… 제가 그런 선생님을 만났으면 세상을 바꿨을지도 모르겠네요. 하하. 또 한번 수학이 정해진 답만 있는 딱딱한 학문이 아니라 새로운 답을 만들 수 있는 세계란 걸 느꼈습니다. 그런데 말입니다. 그러면 미분·적분이 있기 전까지는 직각이 아닌 사물의 넓이는 측정하지 못했나요?

못했지요. 삼각형, 사각형을 조합해서 가까운 값을 알아보는 수밖에 없었고 정확히 잴 수가 없었지요.

이야… 미분·적분이 아주 기특한 녀석이군요.

✔ 미분·적분의 기호를 외우자

이제 늘 그렇듯 문법 이야기만 남았습니다. 넓이처럼 적분한 결과는 주로 S=으로 표기합니다. SUM의 머리글자이지요. 그럼 무엇을 적분하는지 문자로는 어떻게 나타낼까요? 여기서 미분·적분만 갖고 있는 특이한 기호가 나옵니다.

아! S를 길게 늘인 그… 인… 뭐였지?

인테그랄입니다. 적분 기호라고도 하지요. 인테그랄을 사용할 때는 반드시 오른쪽 끝에 dx를 붙입니다. dx는 그냥 항상 붙어 있어야 하는 존재니 그 이유에 대해 깊이 생각할 필요는 없습니다. 중요한 건 표기법 가운데 쓰는 함수이지요. $y=x$라는 일차함수로 잘라 낸 부분의 넓이를 알고 싶다면 x라고 씁니다. $y=2x^2+3x+1$이라는 이차함수로 잘렸다면 $2x^2+3x+1$이라고 씁니다. 그냥 그뿐이지요.

x축의 범위 지정도 빠뜨릴 수 없겠지요. 범위를 지정하지 않으면 어디에 있는 넓이인지 알 수 없으니까요. 이 x가 취할 수 있는 값은 인테그랄의 오른쪽 아래에 시점, 오른쪽 위에 종점을 씁니다. 앞에서 나온 삼각형으로 보면 x는 0부터 a 사이입니다.

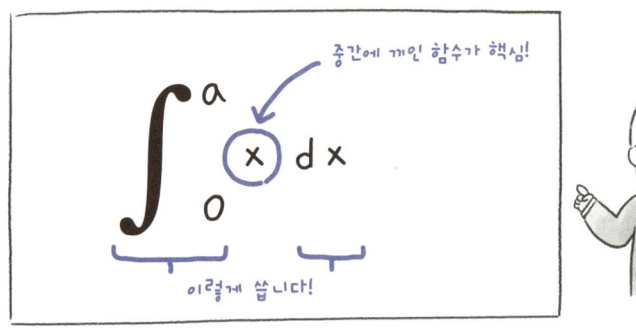

 도대체 왜 이렇게 복잡하게 쓰는 거죠? 누가 만든 거야…!

 보다 보면 귀여운 면도 있답니다.

 눈곱만큼도 귀엽지 않은데요… 그래도 연못 위 판자를 쪼개고 쪼개서 더한 결과를 이렇게 나타내는구나~라는 건 알겠습니다.

 그거면 충분합니다! 앞에서 증명했던 것처럼 넓이가 $\dfrac{a^2}{2}$이 되는 공식은 적분 공식이라고 합니다.

적분의 식

$\int_0^a x\,dx = \dfrac{a^2}{2}$

$\int_0^a x^2\,dx = \dfrac{a^3}{3}$

$\int_0^a x^3\,dx = \dfrac{a^4}{4}$

$\int_0^a x^n\,dx = \dfrac{a^{n+1}}{n+1}$

 이밖에도 지수함수나 로그함수, 삼각함수 등 온갖 함수에 적분 공식이 있어서 이과 학생들은 죽을 둥 살 둥 외우고 있지요. 이전까지 '삼각함수는 뭐가 뭔지 모르겠어', 'log가 뭐야' 하면서 대충 넘겨버린 학생들은 미분·적분 수업에서 다시 만나 허둥지둥하게 되지요.

 그렇군요. 그리고 문과 학생들은 그 직전인 미분·적분의 개념에서 막히는 거군요.

 그렇습니다. 역시 개념이 중요합니다.

 엇? 그러고 보니 미분은 어떻게 표기했었죠?

 식만 가볍게 소개하자면 미분은 이렇습니다.

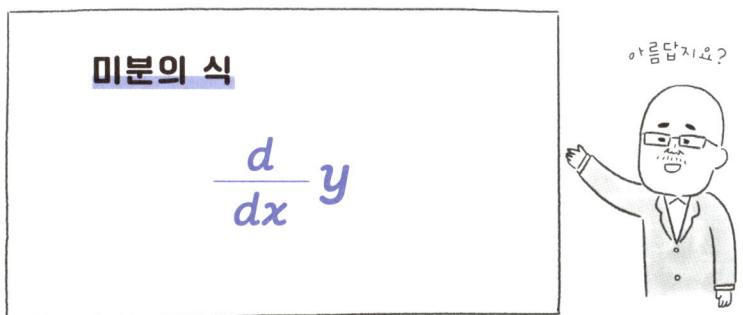

미분의 식

$$\dfrac{d}{dx} y$$

기분 탓인지 모르겠지만 적분 식을 보고 나니 미분 식은 훨씬 간결해 보이네요.

 그렇지요? 왼쪽의 $\frac{d}{dx}$가 한 세트고 오른쪽의 y에 x의 함수가 들어가지요.

 그럼 넓이를 알고 있을 땐 이 식에 값을 대입하면 함수를 구할 수 있나요?

 물론이지요. 예를 들어 넓이가 $\frac{x^2}{2}$일 때 이걸 미분하면 어깨에 있는 2가 내려와 x가 됩니다. 이렇게 해서 $y=x$를 구할 수 있어요. 실제로 다양한 함수를 이끌어 내려면 적분 공식과 마찬가지로 다루는 함수에 따라 다양한 공식이 있습니다.

 아, 저 급한 약속이 생겨서 이만…

 하하. 다 외우라고 하지 않을 테니 걱정 마세요. 몇 번이나 말했듯이 그저 공식을 달달 외우는 건 중요하지 않습니다. 어떤 공식이 있는지 알았으니 필요할 때 검색해서 쓸 수 있다는 것만 알아 두면 됩니다.

 휴…(다행)

소년이 온다! (후편)

엑셀로 미래 예측하기

6일째 2교시

미분·적분이 얼마나 유용한지 감이 좀 오나요? 그 감을 좀 더 확실히 잡을 수 있도록 이번엔 문과 외길 인생을 살다 직장인이 되어버린 어른들을 위해 '엑셀을 사용한 미래 예측'을 찬찬히 들여다볼 거예요.

✅ 문과형 인간, 엑셀로 미래를 예측하다

 그런데 선생님. 실제로 일상에서 미분·적분을 사용할 일이 자주 있나요?

 그럼요. 저도 자주 사용하는 걸요. 시간순으로 데이터 해석을 할 때 당연히 미분·적분을 씁니다. 매출이나 주가, 입장 고객 수 등 세상에는 시간과 함께 변동하는 데이터가 아주 많지요. 미래를 예측하고 싶거나 누적을 알고 싶을 때 바로 미분·적분이 등장합니다.

 호오~ 데이터 해석이라면 엑셀 같은 프로그램으로도 미분·적분이 가능한가요?

 물론이지요. 그런 데이터는 거의 엑셀로 관리합니다. 수치를 나열해서 말이죠. 그래서 꺾은선 그래프도 그릴 수 있습니다. 말이 나온 김에 그래프를 함수로 만들어서 미래를 예측해 볼까요?

미분·적분으로 예언자가 되는 건가요?(두근두근)

 자, 미분·적분에서 처음에 뭘 했는지 기억나나요?

 좌표를 찍었죠.

 그렇습니다. 먼저 좌표를 찍고 함수로 나타냈었지요.

 그런데 시간순으로 된 데이터는 들쭉날쭉하지 않나요? 그걸 함수로 표현한다니 엄청난 기술이 필요하지 않을까요…?

 예리하군요! 구불구불한 게 늘어나면 꼭짓점이 하나밖에 없는 이차함수나 꼭짓점이 두 개인 삼차함수로는 표현할 수 없게 되어 차수가 점점 커집니다. 하지만 어떤 곡선이든 차수를 무한하게 늘리면 완전히 일치시킬 수가 있지요. 이걸 테일러 정리라고 합니다. 그리고 x, x^2, x^3 등을 다항식이라 하고 데이터를 다항식으로 변환시키는 것을 피팅이라 합니다.

 피팅? 패션 쪽에서 쓸 것 같은 단어인데… 아! 체형에 맞춰 옷을 피팅하는 것처럼 실제 그래프에 함수 모양을 맞춘다는 뜻인가요?

 그런 거죠. 그리고 그 작업은 컴퓨터가 해줍니다. 엑셀로도 가능하지요. 엑셀은 정말 영리해요. 육차함수까지 다항식 추세선을 추가하는 기능이 있는데 실제 데이터를 바탕으로 한 그래프와 최대한 비슷한 함수를 눈 깜짝할 새에 만들어 주거든요.

 그럼 차수가 크면 클수록 예측 정확도가 올라가나요?

 좋은 질문입니다! 당연히 모든 사람이 정확도가 높은 장기 예측을 하고 싶어 하지만 수학적으로는 그게 용납되지 않습니다. 차수가 많아질수록 장기 예측이 들쭉날쭉하다는 특성이 있기 때문입니다. 차수가 많으면 가까운 미래를 예측할 때는 정확도가 높지만 시간 축을 길게 잡으면 생각지도 못한 수치를 계산하기도 합니다.

그럼 차수를 낮춰야 되나요?

그렇다고 또 차수를 낮추면 그럴싸한 수치는 나오지만 참고하는 데이터가 적으니 정확도가 떨어집니다. 즉, 함수로 데이터 분석을 하는 사람은 적당한 균형을 구분하는 프로라고도 할 수 있지요.

✓ 엑셀 마스터하기

자, 잠깐만요. 엑셀로 직접 해봐도 되나요? 이 기회에 한번 엑셀의 프로가 되어 봐야겠어요.

아주 좋아요. 먼저 엑셀을 실행하고 셀 A에 위에서부터 숫자를 10개 정도 입력해 보세요. 같은 숫자를 넣어도 되고 순차적이지 않아도 됩니다. 마구잡이로 입력해 보세요.

네. 그럼 대충… 80, 100, 130, 120, 60, 120, 70, 100, 80, 60 이렇게 넣었어요.

좋아요. 다음으로 숫자를 넣은 10개의 셀을 드래그해서 모두 선택하고① 상단 메뉴에서 <삽입>②을 선택하세요. 여러 가지 차트를 만들 수 있는 아이콘이 있는데요③. 그중에서 <2차원 꺾은선형> ④을 선택하세요.

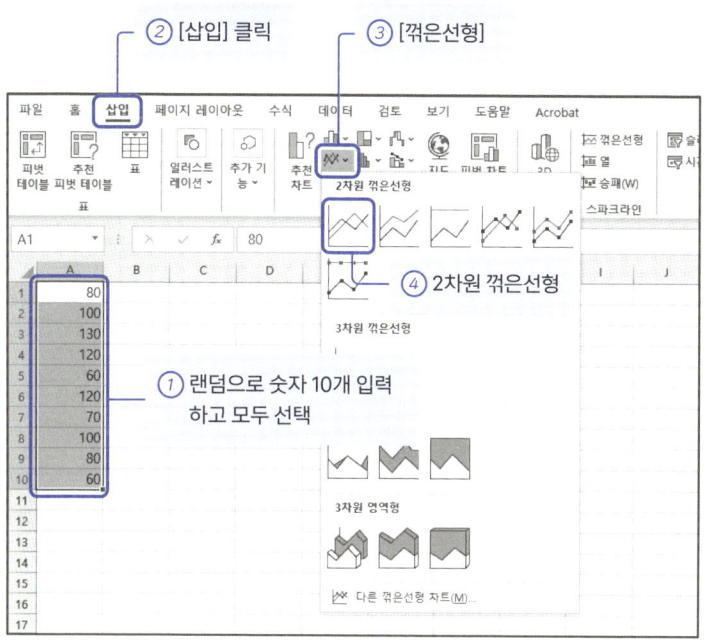

 오~ 왠지 벌써 뭔가 되고 있는 기분입니다.

 아직 시작도 안 했습니다… <2차원 꺾은선형> 그래프를 클릭하면 엑셀 가운데 그래프가 하나 나타날 텐데요. 그래프를 클릭하면 오른쪽에 3개의 아이콘이 뜹니다. 그중 <+>를 클릭해 <차트 요소>를 연 다음 ① <추세선>에 체크하세요②. <추세선> 오른쪽의 ▶를 눌러 메뉴를 확장하고 <기타 옵션>③을 누르면 엑셀 오른쪽에 <추세선 서식>이 나타납니다. <다항식>을 선택하세요④.

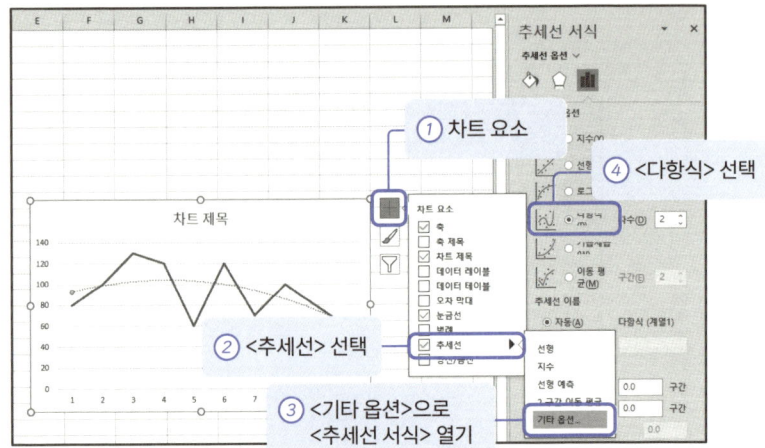

 오! 그래프에 알 수 없는 곡선이 생겼습니다.

 기본값은 이차함수가 설정되어 있으니까요. <다항식> 오른쪽에 '차수'라고 적힌 상자에 '2'가 입력되어 있을 텐데요. 이 값을 1씩 높여 보세요. 그래프의 곡선이 점점 구불구불해지면서 그래프의 곡선과 비슷하게 될 거예요.

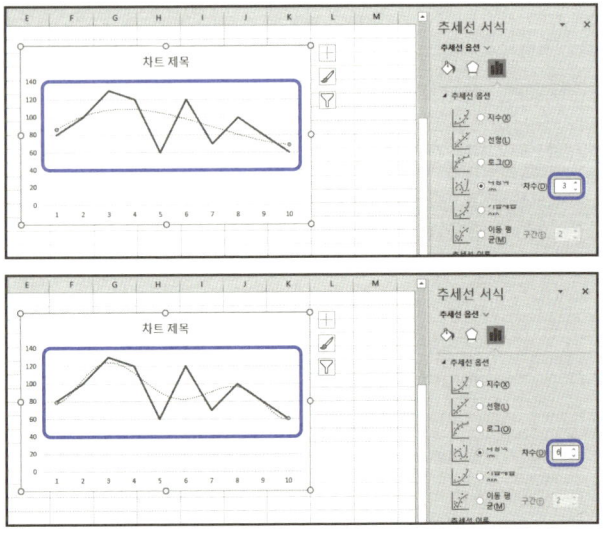

오오! 6쯤 되니 곡선이 그래프 꺾은선과 비슷해졌어요.

 이게 다항식의 추세선입니다. 자, 이제 <추세선 서식> 아래 <수식을 차트에 표시>를 눌러 보세요.

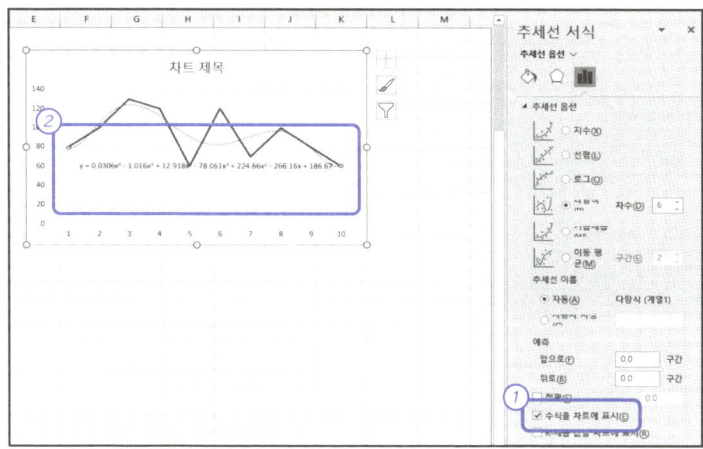

 어디… 힉! 이게 뭔가요!?

$$Y = 0.0306x^6 - 1.016x^5 + 12.918x^4 - 78.061x^3 + 224.66x^2 - 266.16x + 186.67$$

 이게 엑셀이 생각한 추세선의 정체입니다. 육차함수의 식이지요. 식이 된다는 건 x에 값을 넣었을 때 y가 나온다는 뜻입니다.

 아~

 표시된 추세선은 과거를 나타낸 것이지만 x값을 바꾸면 미래를 살짝 엿볼 수 있습니다.

대단하네요! 이 육차함수에 x 값을 대입해서 y를 계산하는 것까지 엑셀로 할 수 있나요? 여기까지 컴퓨터 도움을 받고선 마지막에 계산기를 쓰는 건 모양 빠지는데…

하하. 모양 빠지게 계산기를 열 필요 없이 엑셀로 간단하게 해결할 수 있습니다. 예를 들어 셀 C1에 1을 입력하고 비어 있는 다른 셀에 엑셀이 준 추세선의 정체, 육차함수의 식을 붙여넣으세요. 이 식에서 y를 지우고 x를 셀 번호로 바꿔서 엑셀의 곱셈 기호인 *를 넣고 ^로 지수를 표현하면 끝입니다. 마지막으로 <Enter>를 눌러 보세요.

```
= 0.0306 * C1^6 - 1.016 * C1^5 + 12.918 * C1^4
- 78.061 * C1^3 + 224.66 * C1^2 - 266.16 * C1 + 186.67
```

① 셀 C1에 1을 입력하고 다른 셀에 육차함수의 식을 붙여넣는다.

② y를 지우고 x를 셀 번호로 바꿔서 엑셀의 곱셈 기호인 *를 넣고 ^로 지수를 표현한다.

③ <Enter>

79.0416이 나왔어요!

이게 바로 x=1일 때 추세선의 값입니다. 김수포 씨가 셀 A1에 입력한 값이 80이었지요.

비슷하네요! 그럼 시험 삼아 C1에 11이라고 넣고 미래를 한번 볼까요.

257.968? 어, 그럴 리가 없는데…

그게 아까 말했던 생각 하지도 못한 수치라는 겁니다. 그래서 현실적인 예측을 하고 싶다면 x를 10.1 정도로 하거나 차수를 낮춰야 합니다. 사실 여기서 중요한 건 기울기입니다. 주식에서도 그래프가 위로 치솟으면 주식을 사고 싶고 아래로 하락하면 매각하고 싶은 충동이 솟구치지요. 이렇게 기울기를 조사하는 걸 미분이라고 합니다.

엇, 더하는 게 아니라…? 아! 그건 적분이었죠. 그런데 $y=x$나 $y=x^2$ 같은 함수 모양은 나왔네요.

그렇습니다. 함수가 정해지면 그걸 미분해서 기울기를 알 수 있습니다. 원래 기울기라는 단어 대신 데이터의 미분 계수라고 표현하니까요. 미분=기울기입니다.

그럼 기관 투자가들이 매일 보는 데이터가 바로 그 데이터인가요?

투자 방법 중 하나이지요. 과거 데이터의 변동 패턴으로 미래를 예측하는 걸 기술 분석이라고 합니다. 어느 기관의 투자가든 일반적으로 하고 있지요.

 1개월 후, 1년 후가 아니라도 3분 후를 예측해야 하기 때문이군요.

 그렇습니다. 그래서 참조 데이터에서 시간 축의 너비만 고정한 상태로 시시각각 시장 상황이 변할 때마다 데이터를 갱신해서 다항식으로 피팅하는 겁니다. 이걸 이동 평균이라고 하는데 이동 평균을 하면 3분 후 시장 상황을 예측할 수 있습니다.

 우와… 막연히 어려운 일 하겠거니 했는데 미분·적분을 쓰고 있었다니… 왠지 저도 이해하게 된 것 같아서 뿌듯하네요. 그럼 이제 저도 미래를 엿보고 투자로 한탕 해보고 싶은데…(기대)

 하하. 회사마다 피팅 방식은 다를 수 있습니다. 그리고 그건 외부에 절대 알려 주지 않는 일급비밀입니다.

 쳇… 알아도 써먹을 수 없다니…

 아쉽군요. 하지만 교통량 예측하는 법은 비밀이 아니니 알려드릴 수 있답니다.

 교통량이요?(심드렁)

 주식 투자 만큼 자극적이진 않지만 꽤 쓸만할 겁니다. 과거 교통량을 축적한 데이터를 사용해 이번 주말의 교통량이 어느 정도일지 피팅해서 알아내는 거지요.
실제로 교통 체증 대책을 세워야 하는 올림픽 조직위원회나 호텔, 항공 회사는 이런 수요 예측이 사활이 걸린 문제라 높은 연봉으로 전문가를 고용하기도 하지요. 유동인구나 돈의 흐름을 시간 축과 함께 어떻게 변하는지 미리 알고 대응할 수 있기 때문이지요. 여기에 핵심 역할을 하는 게 미분입니다. (뿌듯)

우와~

적분도 비슷합니다. 데이터를 일단 함수로 바꾸는 것이지요. 함수로 바꾸면 적분 공식을 써서 넓이를 알 수 있으니까요.

적분도 미분처럼 유용한 데 쓰이나요? 돈의 흐름이라든가…(반짝)

넓이가 그 답입니다. 예를 들어 매출 데이터일 때는 넓이=누적 매출이잖아요? 어제까지의 매출은 실제 값을 더하면 되지만, 1개월 후의 매출을 예측하고 싶다면 함수를 적분하면 되지요.

미분·적분의 쓸모가 확 와닿았습니다!

✓ 수학자, AI, 통계학자의 차이

미래라고 하니 말입니다. 미래 기술의 선두주자를 꼽자면 단연 AI(인공지능)가 떠오르는데, 그럼 AI도 피팅으로 미래 예측을 하나요?

아닙니다. (단호) AI는 과거의 방대한 데이터에서 비슷한 패턴을 찾아와 예측하는 것입니다. 예를 들어 AI에게 투자 판단을 맡기는 투자 신탁이 있는데, 주요 종목의 과거 주가가 어떻게 변화했는지 학습시킨 다음 이 데이터와 실시간으로 일어나는 주가 변동을 비교해 예측하는 겁니다. 미분·적분이 주요 기술이 아닌 셈이지요.

예를 들어 온라인 쇼핑몰에서 "이 제품을 산 고객은 이런 제품도 구매했습니다." 같은 추천 알고리즘을 AI가 하긴 하지만, 세상엔 그런 것만 있는 건 아니잖아요. '파형이 닮으면 비슷한 움직임을 하지 않을까?'라는 발상은 제가 봤을 때는 살짝 틀에 박힌 것 같습니다.

함수로 만드는 것의 장점은 증거가 있다는 거군요.

네. 물론 함수로 만들 수 없는 부분을 AI가 뒷받침하면 됩니다. 하지만 어떤 현상을 함수로 표현할 수 있다는 건 아주 강력한 겁니다. 증거가 있거나 이치에 맞다는 뜻이니까요. 게다가 함수로 나타내서 x 값을 자유자재로 바꿀 수도 있습니다. 다시 말해 재현성이 있다는 겁니다.

흠… 그건 통계학자의 영역과 관계가 있는 건가요?

그것도 살짝 이야기가 다릅니다. 왜냐하면 통계라는 학문은 시간 순으로 변화하는 현상을 다루기가 까다롭습니다. 표준편차 이야기에서 **분포**라는 단어를 사용했는데, 분포는 시간과 함께 변하지 않는다는 전제가 있습니다. 분포가 시간과 함께 변화하면 분포라고 할 수 없지요. 그래서 통계학은 변동을 어려워합니다. 통계는 변동이 크게 없는 패턴을 알고 싶을 때 제 역할을 하지요.

흠. AI는 미래 예측을 하지만 근거가 약하고 통계는 근거가 있지만 변동에 약하군요. 그럼 어떤 기업이 빅데이터를 활용하고 싶을 때는 둘 다 가능한 수학자가 필요하겠군요. 엄청 고급 인력인데…

물론 갖고 있는 데이터와 이 데이터로 무엇을 하고 싶은가에 따라 달라지지만, 함수로 만들 수 있다면 수학자가 가장 강력하지요. 올바른 이치를 바탕으로 미래 예측을 할 수 있는 건 수학을 제대로 공부한 사람뿐입니다.

크… 수학을 제대로 공부하고 싶은 마음이 확 듭니다. 피팅이란 건 변동이 있는 모든 것에 써먹을 수 있을 것 같아요. 지금까지는 함수 그래프를 보면 시험 문제 그 이상도 그 이하도 아니었는데 오늘부터 시선이 바뀌었어요.

 많은 사람이 함수가 추상적이고 나와는 거리가 멀다고 생각했을 텐데 정반대입니다. 현실의 과제를 더 가까운 곳에서 다루기 위한 도구이지요. 현상을 함수로 만드는 순간 미분·적분이라는 도마 위에 오르는 거지요. 연구실 학생들에게도 저는 항상 이렇게 말합니다.

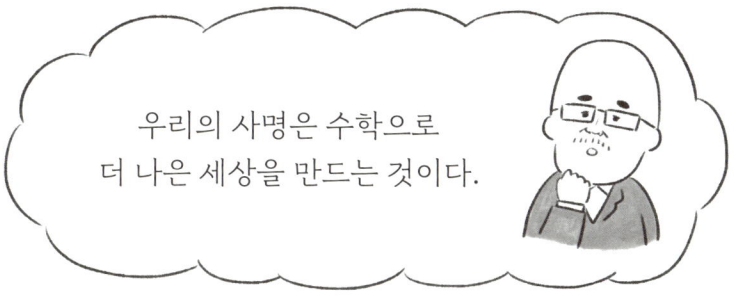

우리의 사명은 수학으로
더 나은 세상을 만드는 것이다.

 감동적인 마무리네요.

 잘 따라와 주어서 고맙습니다. 이로써 방과 후 수업까지 모두 마치겠습니다. 고등 수학 졸업을 축하합니다!

마치며

지금 이 책을 펼치고 있는 착한 어린이는 없겠죠? 이 책은 16세 이상 열람 가능한 책입니다. 아니, 고등 수학으로 업그레이드됐으니 18세 이상 열람으로 높이겠습니다. 미성년자는 읽으면 안 됩니다! 왜냐하면 '수학 시간만 되면 몸을 배배 꼬다 졸업과 동시에 머리에서 수학의 존재를 싹 잊었다고 생각했지만 가슴 한편 어딘가 찝찝했던' 어른들을 위한 책이기 때문입니다. 이런 문과형 어른들이 이 책을 읽고선 "엥? 이렇게 쉬운 걸 내가 포기했다고?"라고 말하길 바라기 때문이지요. 제가 여러분에게 가장 듣고 싶은 말이기도 합니다.

이게 바로 공부가 즐거운 이유지요. 이 기분을 느끼려면 먼저 막막한 경험이 전제가 되어야 합니다. 그러니 18세 미만인 학생들은 우선 학교에서 고생하세요. 하하.

또 수학 전문가 역시 이 책의 대상 독자가 아니니 "이렇게 넘어가 버린다고?!"라면서 화내지 말아 주세요. 여러분은 수학을 즐겼던 경험이 있지 않습니까? 이 책은 수학에 쩔쩔매다가 결국 내려놓은 수포자들에게 양보하세요.

혹시 눈치채셨는지 모르겠지만, 이번 내용은 《선천적 수포자를 위한 수학》 중학 편에 비해 본편(대수, 해석, 기하 설명)의 분량이 적습니다. '뭐 딱히 할 말이 없었나 보지?'라고 생각하실 수도 있겠지만, 실은 이것이 제가 드리는 중요한 메시지입니다. 즉, 중학 수학이라는 기초의 중요성 그리고 기초를 확실히 잡아 두면 편하게 오를 수 있는 계단이 '고등 문과 수학'이라는 거지요.

이번 《선천적 수포자를 위한 수학 2 : 고등 편》에서는 낯선 무기가 몇 가지 등장하는데요. '없어도 노력하면 오를 수 있지만 조금 더 편하게 오르기 위한 아이템일 뿐'입니다. 즉, 무기에 집중하지 말고 무기를 휘두를 대상과 공격 패턴 또는 공략을 파악하는 데 집중하세요. 사용법만 이해해도 앞으로 나아갈 수 있다는 뜻입니다.

제가 무척 좋아하는 말이 있습니다. 제가 존경하는 어느 연구자가 한 말이기도 하죠.

"수학을 공부하면 인생의 선택지가 늘어난다"

수학 아이템을 많이 획득하면 할수록 여러분이 할 수 있는 일은 무궁무진해집니다. 부디 이 책을 발판 삼아 더 높은 곳으로 올라가세요. 그리고 문제를 해결해 보세요. 수학 실력은 말할 것도 없고 사고까지 무궁무진하게 확장되어 있는 자신을 어느 순간 발견하게 될 겁니다.

그럼 다시 만날 날까지 건강하세요!

 2020년 초여름, 니시나리 가쓰히로(대박사)

저자 소개

니시나리 가쓰히로(대박사)

도쿄대학원 공학연구과 항공우주공학 전공 박사 과정 수료 후 독일의 쾰른대학 이론물리학 연구소 등을 거쳐 현재 도쿄대 첨단과학기술연구센터 교수로 재임 중이다. 연구 분야는 수리물리학과 정체학.

저서《선천적 수포자를 위한 수학》은 수학 알레르기가 있는 전국의 독자들에게 사랑받아 20만 부를 넘게 판 베스트셀러가 되었다.《정체학》에서는 고단샤 과학 출판상 등을 수상했다. 한국에서 출간한 저서로는《낭비학》,《이것은 생존을 위한 최소한의 생각법이다》등이 있다.

고 가즈키(김수포)

1976년 출생. 자타공인 문과 인간. 수학은 중학교 시절에 주춤하고 고등학교 시절에 본격적으로 포기했다. 대박사 교수의 수학 수업을 듣고 수학에 눈을 떠서 이번에는 원수였던 고등 수학에 도전했다. 아이를 키우면서 한 달에 한 권 책을 쓰는 북 라이터로 활약 중이다.

역자 소개

김소영

우리나라 독자에게 다양한 일본 서적을 전하는 일에 보람을 느끼며 더 많은 책을 소개하고자 힘쓰고 있다. 현재 엔터스코리아에서 일본어 번역가로 활동 중이다. 주요 역서로는 『슬기로운 수학 생활』, 『30분 통계학』, 『재밌어서 밤새 읽는 수학 이야기: 베스트 편』 등 다수가 있다.

선천적 수포자를 위한 수학 II : 고등 편

발행일 2021년 4월 1일 초판

지은이 니시나리 가츠히로
옮긴이 김소영
펴낸이 한창훈
펴낸곳 루비페이퍼 / 등록 2013년 11월 6일 (제 385-2013-000053 호)
주소 경기도 부천시 원미구 길주로 284 913호
전화 032-322-6754 / 팩스 031-8039-4526
홈페이지 www.RubyPaper.co.kr
ISBN 979-11-86710-65-4

표지 너미날
디자인 박세진(https://blog.naver.com/sejine39)

* 이 책은 저작권법에 따라 보호받는 저작물이므로 무단 전재와
무단 복제를 금하며, 이 책 내용의 전부 또는 일부를 이용하려면
저작권자와 루비페이퍼의 서면 동의를 받아야 합니다.

* 책값은 뒤표지에 있습니다.

* 잘못된 책은 구입처에서 교환해 드리며, 관련 법령에 따라서 환불해 드립니다.
단 제품 훼손 시 환불이 불가능 합니다.

일센치페이퍼 는 루비페이퍼의 인문 단행본 출판 브랜드입니다.